高贵的个性

（美）奥里森·马登 著　张军 译

图书在版编目（CIP）数据

高贵的个性 /（美）奥里森·马登著；张军译 . —北京：中国书籍出版社，2020.6
ISBN 978-7-5068-7763-3

Ⅰ . ①高… Ⅱ . ①奥… ②张… Ⅲ . ①成功心理—通俗读物 Ⅳ . ① B848.4-49

中国版本图书馆 CIP 数据核字（2020）第 044693 号

高贵的个性

（美）奥里森·马登 著　张军 译

图书策划	成晓春　崔付建
责任编辑	邹　浩
责任印制	孙马飞　马　芝
出版发行	中国书籍出版社
地　　址	北京市丰台区三路居路 97 号（邮编：100073）
电　　话	（010）52257143（总编室）　（010）52257140（发行部）
电子邮箱	eo@chinabp.com.cn
经　　销	全国新华书店
印　　刷	三河市华东印刷有限公司
开　　本	880 毫米 ×1230 毫米　1/32
字　　数	198 千字
印　　张	8.25
版　　次	2020 年 6 月第 1 版　2020 年 6 月第 1 次印刷
书　　号	ISBN 978-7-5068-7763-3
定　　价	55.00 元

版权所有　翻印必究

序　言

永不磨灭的精神

想要有足够的创造力，就必须具有坚强的意志力，唯有如此，再加上足够的努力，才有可能创造出属于自己的美好未来。

面临困难，你会如何思考，怎样行动？是慌乱还是从容，是逃避还是面对？是觉得自己能力不足，退缩不决，还是觉得自己游刃有余，跃跃欲试？

意志的力量是强大的，如果一个人想获得成功，就必须具备顽强的意志力和克服困难的勇气，只有做到这两点，再付出足够的时间和代价，才能有所收获。

一个足以掌控意志力的人，不仅可以获得成功，更能推动整个社会的进步。无疑，向着我们远大的目标前进，需要强大的意志力。一旦具备掌控意志的能力，前方的困难就不会成为前进的最终阻碍。带着勇气和力量大胆地前进吧,成功之路就在脚下。

作为年轻人,一定要给自己设定目标,因为这目标会成为你的精神支柱,使你避免走向堕落。如果在行动之时,总想着"也许""差不多",就无法坚定意志、避免诱惑,最终会走向歧路。

只有树立明确的目标,怀着勇气和信心,不遗余力地付出,才能取得辉煌的成就。与此同时,还要志存高远,有理想,有追求,否则,就算再努力,再负责,也不会取得太大的成就。

如果一个人无法很好地控制意志力,就会缺乏恒心,更不会具备强大的创造力。很多人都想做一点事业,但是,遇到困难时,他们会怀疑自己,灰心丧气,犹豫不决,最终放弃。与此同时,他们还会经常怀疑自己是不是站错了位置,选错了职业。然而,听到别人成功的消息,又会自怨自艾,后悔莫及。

这是确定无疑的——如果一个人总是半途而废,肯定不会成功。一个人的命运体现在他的作为上。我见过很多年轻人,他们总是热衷于改行,我觉得这些人很可怜,他们不了解自己,也不热爱从事的职业。不然,他们绝对不会这样。

想要实现生命的意义,过与众不同的生活,就要做高尚的、真正有价值的事情,更要树立远大的理想和目标。向着远方前进吧,不管经历多少挫折,耗费多少时间,胜利就在前方,而美好的风景会一路相伴。

目录

第一篇　比钢铁还坚定的意志力

第一章　意志力帮助你赢得比赛　/ 002

第二章　命运掌握在意志力手中　/ 011

第三章　意志力对战争的影响　/ 017

第四章　意志力对健康的影响　/ 021

第五章　意志力造就英雄　/ 026

第六章　意志力就是永动机　/ 036

第二篇　成功需要进取心

第一章　永不消逝的进取心　/ 046

第三章　改变环境的能力　/ 055

第四章　进取不代表贪婪　/ 061

第五章　进取心使人保持年轻　/ 066

第六章　进取的价值　/ 071

第七章　没有最好，只有更好　/ 075

第八章　进取激发坚韧　/ 078

第九章　行动起来　/ 081

第三篇　节　俭

第一章　通往成功的阶梯　/ 086

第二章　节俭保障生活　/ 088

第三章　节俭赢得信赖　/ 093

第四章　节俭是谋生的手段之一　/ 097

第五章　理性的消费　/ 103

第六章　徒有其表　/ 108

第七章　拒绝攀比　/ 113

第八章　厉行节俭的必要性　/ 118

第九章　节俭的智慧　/ 123

第十章　养成良好的储蓄习惯　/ 128

第十一章　不要虚度光阴　/ 133

第四篇　个　性

第一章　伟大的个性 / 138

第二章　成为善意与快乐的使者 / 141

第三章　仁慈的心灵 / 146

第四章　充满爱的心灵 / 150

第五章　勇往直前 / 155

第六章　品德的力量 / 159

第七章　品格与钱权的关系 / 164

第八章　品格与素养是如何养成的 / 175

第九章　将品格作为首要职责 / 181

第五篇　抵御恐惧的威胁

第一章　恐惧的破坏力 / 186

第二章　面对失败的畏惧 / 192

第三章　丢掉贫穷的思想 / 199

第四章　未来的希望在何方 / 205

第五章　摆脱无用的恐惧和焦虑　/ 212

第六章　怀疑是成功路上最大的阻碍　/ 220

第七章　错失的风景不值得你流眼泪　/ 228

第八章　让工作远离家庭　/ 236

第九章　学会克制自我　/ 241

第十章　勇气令生命充满活力　/ 247

·第一篇·
比钢铁还坚定的意志力

高贵的个性

第一章　意志力帮助你赢得比赛

思想家、文学家爱默生曾说："培养意志力是我们生存的目标。"只要我们稍动脑筋，就会意识到，他这样说一点都不过分，而且参透了人性的本质。

哲学家、经济学家约翰·穆勒说："一个人的意志力决定了他的性格。"

意志力的高低是决定一个人成功或失败的关键因素。没有人知道意志的力量究竟有多强大。只能说，就像被大家歌颂过无数次的创造力一样，意志是一种来源于人们内心深处的力量，扎根于人类历史的伟大精神。

人类从产生到发展，无时无刻不受其影响。当然，除了意志力，影响人们的还有创造力和决断力。但是，意志力肯定是不可或缺的一种能力。加里林、俾斯麦、格兰特……一个又一个伟人向我们说明，意志力不仅能影响一个人的性格，指引一个人走向成功,更能影响社会、国家、甚至人类历史的走向。

意志力分为很多种。温和的,严厉的,爱好和平的,好战的……不同的意志力造就不同的性格。在这些性格中,那些言而有信、不畏艰险、勇往直前的因素总能最终获得成功;唯唯诺诺、懦弱无能、知难而退这些因素则会导致失败。简而言之,如果不具备坚强的意志力,成功大半与你无缘。

沙曼说:"培养意志力对人生十分重要,它有助于帮助人们看清人生本质,了解人生意义,选择人生方向。"每个年轻人都应该主动积极地去磨炼自己的意志力。如果想让身体变得强壮起来,就要不停地锻炼,如果想成为人生赢家,就要有意识地培养自己的意志力。

为了更加明确地理解这一点,我们可以看看下面这个故事。故事的主人公同时具备两种身份——年轻的希腊农民,奥运会的马拉松冠军。

成为赛场上的赢家

这位长跑冠军叫索托里奥·路易斯。他之所以能取得如此的成就,当然离不开特殊的训练。其实,在接受系统训练前,他不过是个农民,所拥有的只是和常人差不多的身体和对祖国深深的热爱。而在成为长跑运动员后,他可以随时进入竞争状态。而让他在赛场上遥遥领先的,不仅仅是速度,还有对成功的渴望和坚强的意志。

他时刻不忘父亲对他的嘱咐,从未停止过刻苦的训练。在他离家之前,父亲曾坚定地拍着他的肩膀,直视他的眼睛,语重心长地对他说:"索托里奥,你一定要取得成功。"

父亲向来对他这么说,而他向来从心底认同父亲的话,并坚定不移地向着目标不断冲刺。

父亲非常确信他能赢。他深深地知道,儿子就是具有这种赢得胜利的意志力。也正因此,在儿子参加奥运比赛的时候,他决定带着女儿们去迎接儿子的凯旋,也亲自印证自己的猜想。

他的猜想实现了。索托里奥在跑道上超越了其他选手,获得了冠军,赢得了排山倒海的欢呼。尽管在拥挤的人群中,没有一个人认识他们,索托里奥的父亲和姐妹们还是激动不已,热泪盈眶。

欢呼之后就是沸腾。女人们纷纷冲上来,把礼物纷纷塞往冠军的手里:鲜花、花环、手表、镶了贵重珠宝的嗅盐瓶……王子走过来拥抱他,国王郑重地向他行军礼,而索托里奥就这样带着自己的意志力,勇敢地斩获了至高无上的荣耀。不过,对于索托里奥来说,这些都不算什么。他一边向大家微笑致意,一边东张西望,好像在人群中不停地寻找着什么一样。贵族、少女、邻居、朋友……他的目光飞快跨过这些激动的人群,最终落到一位老人身上。

"爸爸,我做到了!"在人群的簇拥下,他兴奋地走过去,紧紧地抱住老人。

努力磨炼意志

像索托里奥这样的运动员，为了赢得胜利，必须磨炼意志；而普通人为了取得成功，也必须磨炼意志。

马修斯教授说："想获得坚强的意志力不是一件容易的事。它需要我们持续不断地努力。不过，一旦具备这种意志力，我们就可以不惧艰险。坚强的意志力需要培养，这种培养的过程绝非一蹴而就。每个人的基础不一样，耗费的时间也不一样。虽然个过程会很艰难，但是，只要拥有了这种意志力，人生就会绽放出不一样的光彩。和这种光彩相比，途中遇到的困难又是多么不值一提！"

赫胥黎教授曾经说过这样一段话："谁都愿意做喜欢的事，不愿意做不喜欢的事。如果这样一味地凭喜好行事，很难超越自己。而那些受过良好教育、具备坚定意志力的人，就算遇到不喜欢做的事，只要觉得这是应该做的，也会义无反顾地去做。就算他们十分喜欢做一件事，只要觉得这是不该做的，也会毫不犹豫地放弃。这正是意志力的好处。"

一举中的

你觉得自己为什么能拥有这么多的成就？是因为你做的事比他们更多吗？曾经有人这样问著名演说家亨利·比彻。

明智的比彻先生是这样回答的："不是这样的。恰恰相反，我认为这是因为我做的更少。一般人做事总要经历三个阶段——预先评估，付诸实践，回顾检查。我做事只会经历一个阶段，付诸实践。"

由此可以看出，比彻先生做事时，会把有限的精力集中在一件事上。等把这件事做完后，再把注意力转向其他方面。想做到这一点，需要非凡的意志力。很多大商人之所以能成功，靠的也是这个秘诀。因此，想要成功，就不要浪费精力，把它们都集中在眼前之事上，不要左顾右盼。

聚精会神

人们的精力就像小水坝中的水一样，只要通过水轮机，就会转化为巨大的能量。只可惜，大多数人的小水坝都存在漏洞，正是这些漏洞导致——水坝里的水无时无刻不在悄悄地溜走，根本没有转化为能量。

这些漏洞有一个共同的名字：坏习惯。

难以集中注意力，担心小事，焦虑和猜疑等负面情绪……都可以算作坏习惯。它们不断消耗着我们的精力，把生活和工作搞得一团糟。想要取得成就，就必须修好漏洞，把全部精力都集中到最关键的一点上。

一个人如果在年轻时，没有把这些漏洞修好，就越难在以后的事业中取得成功。而这些漏洞的多少和大小，直接影响到一个人成就的早晚和大小。每个人的精力都是有限的，大多数人只能在一个时间段里做一件事。如果事情一多，人的精力就容易分散,就会变得手忙脚乱。

想要做好一件事,就必须学会珍惜精力,集中力量。也许有些人会觉得自己的精力比别人充沛,就算同时做很多事也不会受到影响。诚然,确实存在这样的人,但如果长此以往,取得成功的速度就会慢很多。

曾经有两家很厉害的银行同时邀请一个才华横溢的年轻人担任主管。本来,在大多数人看来,他完全可以胜任,但他却不假思索地放弃了。

"我只能效力于一家银行,如果我同时效力于两家银行,哪家银行对我的工作都不会满意。因为只有我专注地做一件事,才更容易有所作为。"

这是一种十分明智的回答。他很清楚——只有集中注意力,坚持不懈地做一件事,才更有可能成功。而能做出这种回答,本身也证明了他头脑清楚,具备非凡的意志力。否则,面对这么好的机会和待遇,他一定会想都不想就答应。

"如果无法集中注意力,很有机会取得成功。集中注意力需要坚强的意志力,没有意志力,别的能力再出色也不行。因为意志力是其他能力的基础。一个人如果真能集中精力,几十年如一日地干一件事,终会有所成就。"

"天才的另一个名字是坚韧;成功的另一个名字是专一。"

如果具备一定的意志力,把分散到各处的精力都整合起来,用到一点上,就算其他方面的能力不是很强,最终也会有所成就。如果只凭一时冲动,无法抵制诱惑,精力涣散,就算其他方

面的能力再强,也很难取得成功。因此,制定目标,专一而坚持地去努力,是成功的不二法门。

怎么才能学会游泳

想要擅长跑步,就需要持之以恒地练习跑步;想要擅长游泳,就需要持之以恒地练习游泳;想要拥有坚强的意志力,就需要持之以恒地练习意志力。

"意志力的训练过程是艰难而复杂的,但是,如果真的那样做了,并且坚持下去,取得的回报一定会比付出大得多。"一位英国评论家如是说。想要加强意志力,就要不断训练它,持之以恒,终会看到效果。在日复一日的磨炼中,你的意志力会越来越强大。

如果你愿意投身到某个行业中,从头做起,一直到成为这个行业的专家,这也说明了你具备坚强的意志力和超强的思考能力。

凯勒博士如是说

"许多人虽然具备热情,却缺乏持之以恒、始终如一的精神。除非让他们在短时间内看到效果,或者有人帮他们处理掉所有麻烦,让他们能够一帆风顺地走下去,否则,只要遇到一点困难,他们就会轻易动摇,垂头丧气,甚至干脆放弃。更糟的是,为了避免受到打击,他们往往害怕挑战,只愿意做那些看起来没有风险的事,不敢独立做一件事,也不敢标新立异。他们总等着强者去替自己开路，只敢去做别人做过的事。这样的人，肯定成不了强者，更不会取得成功。"西奥多·凯勒博士如是说。

大树告诉我们的

对于托马斯·金来说，当他在加利福尼亚看到一棵巨树时，才第一次懂得了积累力量的重要性，也因此受到了强烈的震撼。因为他觉得那棵树代表了一种力量的精神——它很珍惜山岭赐予它的肥沃土壤，也很珍惜云朵为它提供的充足降水，同样很注意用自己的根系积累丰富的养分……正是这些因素促进了它的成长，让它渐渐长高长粗，最终成长为参天大树。

积累确实是一件十分重要的事。如果不具备充足的力量，一个人便无法完成任务。只有锻炼自己的意志力，完善自己的知识储备，做一件事，尤其是比较困难或者是棘手之事，才有足够的胜算。

一位杰出学者如是说："我现在60岁，不过，如果我只剩下10年可活，我依然会用前9年的时间积累知识，完善自己，至于切实地去做，1年的时间就已经足够。"

"我要。"

"在英语中，没有任何两个词能像'我要（I will）'一样振奋人心。在欢快而又坚定的发音中，你能感受到它包含的力量、决心、信心以及旺盛的生命力。是的，这两个简单的词中，深刻地蕴藏着人们的热情，人们的抱负，人们崇高而又无畏的进取心。当听到这两个词时，你可以清楚地知道，一个人要战胜万难，取得成功，一个人要战胜挫折，获得胜利。"

一位哲人也这样说："如果一个人什么事都做不出来，很快就会被人忘记，如果一个人总是不前进，而别人只要前进，你就在相对后退。如果你一直在后退，就会被大家抛弃。不想成为伟人的人，很难成为伟人。如果不认真对待一件事，结果也难以尽善尽美。长期的平静等同于失败，并终将走向失败。只有积极进取，生活才会越变越好。在这个过程中，绝不能有一丝一毫的懈怠。"

让我们一起来听听本杰明·帕克的声音——

如果真的想做英雄，

就带着勇气，

去一望无际的雪原上冒险，

在沉沉的黑暗中，

走出一条通向光明的大路。

第二章　命运掌握在意志力手中

什么是意志力？它深藏于人们的内心，具备难以估量的价值和作用，可以赋予人们无与伦比的力量。伟人之所以是伟人，也正是因为他们具备意志力。发掘它，展现它，生命才会有价值，反之，人就无法迸发出蓬勃有力的生命力，更无法取得光辉的成就。

你应该让所有人都知道，你不是一个软弱的懦夫，你的意志力如钢铁般坚定。意志力可以带领你走向伟大的事业，发挥无可匹敌的作用。意志力的存在就像一小撮火药，如果它只是散乱的火药，爆炸的威力不会很大，如果我们把它做成子弹，用枪射出去，有了射击孔的引导，它爆炸的威力就要大得多。

"你是领导者，反对者，还是无能者？"

一位作家曾经把世人分为三种——领导者、反对者和无能者。其中，领导者总能成功；反对者总在抱怨；无能者总是失败。

领导者之所以成功，是因为他们具备强大的意志力，敢想敢

做，敢于坚持。反对者之所以抱怨，是因为他们虽然敢想，却不敢做，更不会坚持。至于无能者，他们不敢去想，不敢去做，更不会坚持。

"通往幸福的海滩上躺满了被打碎的航船。"这是福斯特的名言。很多航海家之所以葬身海底，不是因为能力不足，而是因为在面对意外时，他们失去了勇气和信心。也就是说，他们缺乏面对风险的意志力。人要是缺乏意志力，就像汽轮机缺乏蒸汽，再也没法继续前进。

意志力就像人的脊梁，没有一个好的脊梁，人肯定无法顺畅地站立，更别谈行走或者奔跑。"意志力相对于人生，就像是船舵或者汽轮机相对于轮船，一个好的船舵或者汽轮机能推动轮船迅速有效地前进，一个坏的船舵或者汽轮机会让轮船前进缓慢，甚至根本无法前进。"

对于年轻人来说，意志力尤其重要。它甚至决定着一个人的发展潜力。只有具备强大的意志力，才能在面对苦难、诱惑与不公的时候，不至于被绝望打倒，不至于满嘴抱怨，一蹶不振。竞争是激烈而残酷的，竞争从无公理可言，如果一个人想要从中脱颖而出，必须具有坚定的意志力。

坚定目标，像裁缝手里的针

"做一件事情之前，我会先弄懂这件事情的来龙去脉，坚定自己的目标，就像裁缝手里的针一样。"这是本·琼森在某部戏剧里的一句台词。

黎塞留说："作出决定之前，我会明确自己的目标，把这件事彻底搞清楚。"

"如果你已经决定了一件事，就努力去完成它，不要犹豫不决。"罗特希尔德律师如此说，也如此处理商业事务。

格莱斯顿这样教育自己的孩子："哪怕一件事情再小，只要开始了，就要一直坚持到底。"

犹豫不决是比鲁莽草率更可怕的事

费尔丹说："只有真正行动了，才有可能成功，如果连行动都没有，肯定不可能成功。"确实，犹豫不决是比鲁莽草率更可怕的事。

一个总是瞻前顾后、犹豫不决的人，一个总要考虑完所有细枝末节才会行动的人，根本不会成为成功人士。一个积极主动，努力进取的人，才会胜任自己的工作，最终取得成功。人们更愿意相信这样的人，也更愿意为他们分配适合的工作。

机会就像流星那样稍纵即逝。如果犹豫不决，总在原地观望，根本不可能抓住任何机会。因为，当你在那里犹豫观望的时候，机会早已消失得了无痕迹。"时刻寻找机会，把握机会，利用机会。明确这三点，才有可能取得成功。"费尔普斯这样说。柴皮恩也说过类似的话："守株待兔的人很难取得成功，只有那些积极主动、擅长找到机会、抓住机会的人，才是成功的宠儿。"

基本上，通过观察一个人的意志力，就可以看出他是不是能成功。如果能时刻怀有热情，懂得拒绝诱惑，始终有效利用周围的一切，将所有相关因素都为你所用，最后的胜利一定属于你。

"俄斐的黄金并非所有船都可以拿到，尽管它们都从塔希什出发。不过，即便只是一艘小船，也要迎着风浪去拼搏一次。这是它们必然要面对的命运。"

强大的意识

梅勒斯说："每个人都具备意识的力量，尽管有时你并没有注意到，但它确实就藏在你的身体里，等着你去发掘。虽然这并不容易，但是，如果它被激发出来，就会迸发出巨大的能量。否则，它就会一直沉睡在那里，你的能力也会受到严重的影响。你需要开发这种能量，不过，在此之前，你需要了解自己，并且对自己有一个正确的评估。"

一个经验丰富的老师说："很多读者都读过至少一个类似的伟人的故事：他出身贫困，一直渴望接受良好的教育，后来，这种渴望变成了坚定的行动，少年开始走向一条广阔的阳光大道。在整个过程中，起决定性作用的是他的意志力，而这意志力来自于他的渴望和决心。这些伟人志士的故事告诉我们，要成就一番事业，必须要先有渴望和决心，再用强大的意志力去执行，定能克服无数艰难险阻，向着预定的目标不断前进。"

自信是意志力的孪生兄弟

受到周围环境的负面影响,很多人都会怀疑自己,缺乏自信。缺乏自信会严重阻碍我们前进的脚步,让我们一次又一次地走向失败。要顺利走向成功,除了具备坚定的意志力,还要充分自信。

你周围的人认为你生来就是失败者,这会十分打击你的积极性,但是你应该认识到这一点——他们之所以那么评价你,和你如何评价自己有着很大的关系。这虽然不是决定因素,却是很重要的影响因素。

成功更青睐于那些主动、勇敢、果断、自信,善于寻找和抓住机会的人。因此,年轻人应该相信自己,并努力去证明自己。

如果连你都怀疑自己的能力,无法做出独立的判断,不敢开拓创新,承担风险,别人又怎么会相信你?

不用害怕别人说你自负,只要你觉得这样对自己有好处。你要明确这一点——别人的想法不会决定一切,只要你能相信自己,并努力使自己强大起来,总有一天会有所成就。

竞争是激烈而残酷的,如果总是犹豫不决,胆小怕事,你根本无法很好地处理事情,更不用说取得成功了。只有时刻相信自己,积极开拓,努力进取,敢于打破常规,标新立异,才能取得不菲的成就。

活着就要不断开拓进取,这是来自灵魂的不竭动力。

高贵的个性

你完全不需要因为任何人嘲笑自己而灰心丧气，拒绝前行。虽然不是每个人都是成功人士，但这并不妨碍每个人都有追求成功的权利。你需要做的，是无论遇到什么，都坚信你"追求成功"这种神圣的权利，勇敢地昂起头，面对世界，自信地走自己的路，去争取最后的成功。如果你能相信自己，激发自己的潜力，发挥自己的才能，始终如一地去做一件事，勇于承担相应的责任，也就是说，敢于去做一个实干家，这个世界一定会为你敞开大门，给予你应有的回报。

曾经有这样一个年轻人，在面对一份十分轻松的工作时，诚恳地拒绝了老板。因为他渴望完成更加困难的任务，渴望承担责任，挑战自己。老板满足了他的愿望，而没过多久，他果然做出了一番成就。

"这个世界上总会发生很多奇妙的事，其中，最奇妙的莫过于——困难总是无处不在，并处处为难你，但是，对于那些随处可见的困难，如果你坚定信心，始终不向它屈服，它就一定会向你屈服。一旦它发现这种为难是徒劳的，就会逐渐退却。"

"想要成功，就一定要随时随地相信自己能够成功，不然就会很难成功。"普伦蒂斯·马尔福德说。

爱默生也曾说："面对困难和艰险，大部分人都艰难前行，如果遭遇不幸，也愿意相信那是天意，从来不会怨天尤人。但是，对于那些只能被动接受结果，从来都不主动，更不愿相信自己的人来说，成功从来都是遥不可及的事情。"

第三章　意志力对战争的影响

古往今来，如钢铁般坚定的意志力到底创造出了多少壮丽的奇迹？到底把多少不可能的事变成了事实？它让拿破仑在寒风中翻越了阿尔卑斯山，它使法格拉特和杜威冲破敌人的防线，它使纳尔逊和格兰特取得了成功。它催生了一切发明和艺术，使人类取得了许多在以前想都不敢想的科学成就。它对人类的贡献不止体现在这些方面，更体现在战争中。正是由于它的存在，人们才获得了无数不可能的胜利。

圣女贞德之所以胜利，不仅因为她具备强大的决断力，更是因为她相信自己肩负着神圣的使命。为了这个使命，她愿意付出一切，包括自己的生命。正是这种信念造就了她身上那种强大的意志力，并最终取得成功。

纳尔逊之所以能获得英国舰队的控制权，并为自己在伦敦的特拉法尔加广场上树立雕像，也是因为意志力的功劳。而且，每

当对战争缺乏信心和犹豫不决时,他不会陷入无休止的思考,而会立即选择去战斗。对于士兵来说,这是巩固意志力的一个很好的方式。

当罗马的贺雷修斯与数万军队不断周旋时;当赛米斯塔克击溃波斯舰队时;当温克尔里德用胸膛挡住奥地利人的长矛时;当内伊取得几百场战役的胜利时;当谢尔曼命令手下坚守阵地时……数以千计的例子向我们说明,这些具备坚强意志力的人敏锐地抓住机遇,果断地作出反应,并全力以赴地采取行动,才做出了那些被人们认为"不可能"的成就。

在历史上,这样的例子数不胜数。很多人认为,某一件事是不可能完成的,实际上,这不过是缺乏意志力的体现。而伟人们具备决策力、意志力和行动力,终于将这些不可能的事情变成了可能。

拿破仑和格兰特的故事

拿破仑的例子更能说明这一点。当巴黎处于一片混乱之时,他得知消息,果断回国,凭借出色的手腕很快平息了暴动,统治了法国,紧接着,他又在深冬的季节率军翻过阿尔卑斯山,完成了一次不可能的行军,进而征服了大半个欧洲。

1796年3月10日,拿破仑带领六千法国军队进入奥地利,遇到了前所未有的困难。他一边命人在罗迪架桥,一边集结附近的法国军队。最后,他让四千名榴弹兵和三百名枪手冲过桥头。可是,冲锋很不顺利,奥地利人奋力反抗,法国士兵死伤无数,很快无法继续前进，很多士兵甚至开始退缩。

面对混乱的局面，拿破仑没有流露出任何感情，只是带着助手和将军来到队伍的最前面，跨过堆积成山的尸体，继续快速前进。

这正是坚强意志力的表现。正是这种坚强的意志力才让人在危险时刻保持镇定自若，能够冷静地处理一切事情。

在那场战斗中，法军有了统帅的表率，很快就冲出了几百米。奥地利人的枪林弹雨还在呼啸，却再也阻止不了法军的攻势。见到这群连命都不要了的法国人，奥地利人目瞪口呆，很快放弃了抵抗，开始呼叫支援，可援军见法军这么威猛，也根本没有胆量冲上来，只是胡乱抵抗一阵，便惊恐地逃跑了。正是凭借这一战，拿破仑才拉开了征服奥地利的序幕。

和拿破仑相比，尽管尤利西斯·格兰特出身普通，家里既没钱又没有影响力，他本人也没什么有权势的朋友，可他经历过更多的战役，赢得过更多的胜利，指挥过更多的人。林肯总统曾经这样评价他："他之所以伟大，在于他无人能及的冷静和坚韧。"

"去战斗，别抱怨"

当西班牙人进攻圣胡安山时，枪炮声不绝于耳，一些人忍无可忍，每天都在抱怨。

"去战斗，别抱怨！"这是伍德上校送给他们的话。

威廉·内皮尔的军队在萨拉曼卡也遇到过类似情况。在敌人的猛烈进攻下，这位明智的指挥官严厉地处罚了四个手下。其他人

见状,马上投入了战斗,阵容严整,就像在接受上级的检阅。

帕利什尔是一名轻步兵统帅,有一次,他处罚了一名军官。极度愤怒之下,军官拔出手枪,想打死帕利什尔。然而,因为一些原因,子弹没有发射出来。"你还要因此被处罚,因为你在反抗的时候,连武器都没有准备好。"帕利什尔镇定自若地说。

在任何情况下都能安然自若,也是坚强意志力的表现。

"我必须像旋风一样奔跑"

罗斯福也承认,自己在带领部队冲向圣胡安山顶时,非常明白这一点:"我必须像旋风一样奔跑,才能保持第一的位置,不被别人超越。"

强大的意志力向来是英雄主义的温床。具有无与伦比的戎马生涯的惠勒将军也是如此。他23岁时仅仅是个中尉助理,24岁时就成了上校,25岁时成了准将,26岁时成了少将,27岁时成了司令,28岁时成了副总司令。这条晋升之路堪称迅速,却是用以下的战绩换来的——他骑过的马中,有16匹战死,无数马受伤。他自己也负伤三次,一次濒死。他手下的副官和军官有数十人受伤,更多人英勇牺牲。而当这些人负伤或者牺牲之时,他就在他们的身边,只是因为相对幸运,才与死亡擦肩而过。

第四章　意志力对健康的影响

一切,包括成功,前提都是拥有健康的身体和内心。旺盛的生命力和充沛的精力可以支撑我们完成更多的任务,做出更敏锐的决策,成就更辉煌的事业,也更容易赢得他人的信任。

英国的威廉国王就是这样。他具备伟岸的身躯,令人敬畏的面容,像高山一样坚韧不拔,不向任何人和事低头,可以爆发出巨大的力量,轻易摧毁其他人。同时,他的体内也蕴藏着不顾一切的勇气,可以带给人们希望,在人们遇到困难之时,毫不犹豫地挺身而出。

韦伯斯特同样如此。他很有魅力,几乎像神一样伟大,很多人见到他后,都会瞬间放弃自己的想法,服从他的意愿。

身体强健和头脑强健一样重要

健康并不代表要多强壮,多魁梧,在很大程度上,它只是代

表着一种积极向上的精神状态。正是因为具备这种精神状态，布雷厄姆才可能连续工作144个小时；拿破仑才能做到连续骑在马背上行军一天一夜；八十四岁高龄的格莱斯顿才能依然简洁高效地管理国家。

想让自己的头脑变得发达，就必须让自己的身体健康。如果身体的其他部分总是出问题，头脑自然也不会好到哪里。激烈的竞争，巨大的压力……无论从事什么行业，保持健康的身体总是一个最基本的前提。只有先保持健康，才更有能力迎接挑战，也才有可能获得成功。

如果你现在很健康，自然不错；如果你现在不是很健康，那么，在奔向健康的途中，你不仅可以收获健康，也可以锻炼自己的意志力。斯通沃尔·杰克逊在军校任职期间曾患有严重的消化不良，医生建议他在很长时间里只能吃面包和乳酪，并且晚上九点前一定要上床休息。这并不容易做到，但是，他集中力量，靠着非凡的约束力和控制力，竟然真的做到了。而在他做到这些之后，健康状况得到了很大的改观。不过，即便他已经恢复了健康，还是一直遵循这样的规律，时刻注意锻炼自己，控制自己，进而具备了强大的意志力。

"如果每天睡不够九小时，我几乎什么都做不了。"格兰特说。

年轻人就应该对世界充满好奇，活力四射，勇敢地应对一切突发情况。想要掌控大局，必须具备这些特征。年轻人的优势正在于年轻。

现在人类文明高度发达，人们的精神压力也变大了。大家更应该生机勃勃，保持健康。健康不只是指不生大病，也意味着良好的精神状态和充沛的精力。只有具备这些，人们才会焕发出生机和活力。

虚弱可以被意志力战胜

如果具备坚强的意志力，身体上的虚弱也很可能被战胜。

最好的良药就是勇敢的精神，那些药物不能治愈的，它都能治愈。

有一次，一位杂技演员受到邀请，要在不久后进行走钢丝表演。但他的腰忽然出了问题，他十分沮丧，不得不给自己的医生打电话，试图解决这个问题。医生给他的建议是，必须卧床休息。他听从了，但是过了几天后，他的病情并没有任何起色。到了该表演的那天，医生强烈反对他上场，可他不能不上场。这时候，惊人的事情发生了——他像完全没有问题一样，顺利地完成了表演！尽管在走下钢丝后，他的腰又立刻疼了起来，但在钢丝上面，他就好像彻底痊愈了一样。

漫漫人生路，苦难几乎无处不在。对于那些意志力不坚定的人来说，苦难是不可逾越的绊脚石，但是对于那些拥有强大意志力的人来说，苦难却是最好的试金石。音乐家亨德尔和贝多芬也是在病中完成了不朽的作品。诗人席勒正是在病中创作了最伟大的诗篇。就像作家弥尔顿所说："最能承受苦难的人最可能成功。"

高贵的个性

尽管我必将走向死亡，

但我同样怀揣理想，和不灭的希望，

我可以忍受一切，克制自己，

坚定地向着目标勇敢前行。

令人尊敬的威廉·米伯恩自小失明，却因为决心要成为内阁大臣而努力学习，最后，还写了六本书，对密西西比峡谷的历史作了详细的研究，取得了不小的成就。

范妮·劳斯比是纽约盲人学校的教师。多年来，她虽然双目失明，却写了大约3000首赞美诗，很多诗篇都大受欢迎，被人们广泛传唱。

寻找内心的潜能

布鲁克斯主教曾经这样说："我们可以帮助那些有烦恼的人，但是，我们帮助他们的方法，不是把他身上的重担卸下来，而是唤醒他内心深处最伟大的力量，使他自己可以承担这一切。"

著名科学家达尔文也是这样。他的身体状况一直很差，四十年来几乎没有一天是健康的，长期以来，他一直忍耐病痛，辛勤地工作着，仿佛有一种神奇的力量支持着他。他的工作强度很大，即便是正常人也无法承受。可是，他决不能容忍自己向病痛屈服，因为在他看来，因为病痛而放弃工作是一个不可饶恕的弱点。

布尔沃有这样一种观点——假使不小心得了病，只要适当处理它们，不去过分关注和夸大，它们也算不了什么。要时刻记住，你的命运掌握在你自己手里。你的思想正是你对抗疾病最有力的武器，药物只是辅助的手段，真正使你保持健康和美丽的，是你脑子里那些看不见摸不着的东西，也就是坚定的意志力。有了这种意志力，你可以在最大程度上保持健康，也可以在遭受疾病侵袭的时，进行有力地回击。

最强大的力量从不来自别人，而是来自你自己。你的身体里本身就蕴藏着巨大的能量，只要不反其道而行，懂得顺应自然规律，具备健康的思想和坚定的意志力，疾病就不会无故找上门来。

这几乎是医学上的黄金法则——意志不坚定的人比具备强大意志力的人更容易得传染病。意志力虽然只是一种精神力量，但它往往会影响到现实的身体，让人们做出很多超越规律的事。曾经有医生做过这样一个实验。实验结果显示——在新奥尔良流行黄热病期间，一个快递员带着四万美元，想要把这笔钱送到那里。只要钱还在他身上，他被感染的概率就非常小。一旦完成任务，他最好马上离开。

虽然医生们都不敢和他一起去，但是拿破仑还是去了一家传染病医院，用手触摸了一个病人。这样的意志力总能创造惊人的奇迹，甚至能人为地延长一个人的生命。当道格拉斯·杰拉尔德得知自己身患绝症时，正是凭借自己对家庭和孩子的眷恋，顽强地生存了下来。

第五章　意志力造就英雄

上天是公平的。他赐予每个人大致相同的东西，让我们可以在世界上自然地生存下去。只是，有时候，连我们自己都没有意识到这种财富——健康的身体，纯洁的心灵，积极的态度……除此之外，上天还会赐予每个人独特的东西，那就是我们不同于其他人的天赋。正是这些相同的和不同的东西，它们潜藏在我们的身体上、内心里，才构成了我们每个人。不过，这些良好的品质，只能通过坚持不懈的努力，也就是说，只有在意志力的催化下，才能最终发掘出来。

与沙漠作斗争

在澳大利亚，有一个高大魁梧的人，叫詹姆斯·塔森。他曾经是个千万富翁，但在漫长的生命里，他却一直不是很在乎钱。也正因此，他后来潜心从事农业，并以此为乐。他认为，如果一个人即将死亡，那么，这个人所拥有的钱很快会变得毫无价值，因为随着生命的消逝，金钱的用处也会变得越来越小，直至完全消失。即便在一个人活着的时候，金钱也不过是维持生命运转的物质保障，而赚钱这种行为，不过是一种游戏。

詹姆斯的一生，大部分时间都在和沙漠作斗争。最终，他把沙漠变成了绿洲，让人们可以在那里生存，让生活变得更加美好。想取得这样的成功，自然不是一件容易的事，但是，他始终坚信，这件事很有价值，而他因为做这件事，为大家创造的价值，会令任何人都无法否认。他很清楚，自己的生命终将消逝，自己的姓名也终将被遗忘，但是，在此之后，他做的那些事，会让无数人从中受益。

能取得宏伟成就的人，大多具备坚定的意志力，在这种意志力的驱使下，他们勇往直前，自强不息，当下，很多人总是犹豫不决，无心上进，浑浑噩噩，没有目标。更有甚者，自己什么都不做，专门等着好运自动上门。这简直就是天方夜谭，令人啼笑皆非。这根本就是不可能的事，只有艰苦而持久地奋斗，努力去实践，脚踏实地的付出，才会最终取得成功，收获辉煌的成就。

意志力青睐财富

如今，在美国，本杰明·富兰克林是一个声名卓绝的富商。但是，很少有人知道，一开始，他只是个默默无闻的人，在费城拥有一家很不起眼的印刷厂。他的办公室，厂房和卧室都是租来的，面积很小，厂里的物资，也没有专门的运输人员和工具，都是由他用一个小推车在街上运来运去。然而，他的意志力十分坚定，生活十分简朴，只是半块干面包，就可以被当作难得的美食，在工作上面，他的目标也十分明确，不达目标决不罢休。正是凭借这种超凡的意志力，他最终打败了很多强大的对手，取得了成功。

"每个人都会遇到对手，他们总是与我们竞争，并且很有可能战胜我们。但是，无论在什么情况下，千万不要憎恶他们。因为，正是由于他们的存在，我们的意志才会变得更加坚强，我们的技能也才会更加完善。从这个程度上讲，他们不是我们的敌人，反而是我们最好的朋友。"埃德蒙·伯克如是说。

在美国康科德市，有一个穷困潦倒的年轻人，他没什么背景，家里也没有多少钱，于是，为了生活，他不得不去做伐木工，那是项十分辛苦的工作，每天结束工作，他都会感到巨大的疲惫，而且，只要稍不注意，在工作中还会频繁受伤。但是，他没有被艰苦的环境吓倒，反而用坚定的意志力坚持着，怀着相当的热情投入到工作当中。日复一日，年复一年，他终于凭借自己的能力摆脱了贫困，拥有了自己的事业，成为家喻户晓的人物。他就是美国著名富商乔治·皮博迪。

吉登·李也是一样。他的出身不是很好，小时候，虽然是冬天，但是因为家里太穷，他甚至没有一双暖和的鞋。但是，他并没有因为这种艰难的情况变得萎靡不振，怨天尤人，在坚强意志力的驱使下，他坚持每天工作16个小时，如果哪天因为意外，导致他没有达到固定的工作时间，他会用其他时间去弥补，即使下了大雪，他也仍然穿着单薄的衣服，坚持出门工作。这样几十年如一日，坚持不懈，他最终于成了富有的商人，后来还做了纽约市市长和国会议员。

商业勇气——意志力的另一个名字

有位绅士叫罗斯，现在，他拥有300万美元的财富。他年轻时，是个很失败的商人，他尝试很多工作，但最后总是以失败告终。为此，他一度陷入困境。后来，因为欠了很多钱，他不得不在监狱中度过很长一段时间。他的四十岁生日，正是在监狱里度过的。在失去自由的这些日子里，他在墙上写下了这样宏伟的志向——"等我到了50岁，我要拥有50万美元，等我到了60岁，我要拥有100万美元。"

最后，罗斯拥有了比预期超过了两倍的财富。这是为什么？不是因为他的好运气，正是因为他拥有的意志力，给予了他非凡的勇气。

"对于很多商人来说，之所以不幸失败，不是因为成本和智慧不够，而是因为缺乏商业勇气。"惠普尔说。

希拉斯·菲尔德一直有这样一个梦想，那就是在欧洲和美洲之间建立有线通讯。为了使这个梦想成为现实，他提出的解决办法是，在大西洋底铺设海底电缆。要知道，他本来完全没必要这么做，因为当时，他已经事业有成，并且到了退休的年纪。但他并没有因此放弃自己的梦想，哪怕遇到了各种困难——北美的原始森林，国会的困惑，电缆故障，电流问题……难以想象的困难没有使他动摇，反而使他更加坚定。最终，他成功地实现了自己的梦想。

纽约四份报纸的创始人

贺拉斯·格里利，《纽约论坛报》的创始人。他的创业过程也十分艰辛，但是，凭着坚定的意志力，他同样取得了巨大的成功。

詹姆斯·布鲁克斯，《每日快报》的创始人，一开始，他只是一名普通的店员。他的第一份工资是一桶甜酒。他一直想上大学，后来他真的去了大学，不过，大学毕业的时候，他并不是个有钱人。

《纽约先驱报》的创始人詹姆斯·贝内特的奋斗史也是如此。他决定创业的时候，已经人到中年，只是，他依然一穷二白，全部财产只是区区300美元。但这并不能阻挠他的意志，反而使他充满斗志。他怀着饱满的热情，租了一个简陋的小屋，开始了自己伟大的事业。最初，他的办公桌是用一张木板和两个圆桶做成的，他的员工只有他自己。打字员，勤杂工，记者，编辑，校对，印刷工……都是他自己。而且，他的创业之路并不平坦，相同类型的报纸实在太多，如何在众多报纸中脱颖而出，吸引人们的眼球？詹姆斯开始进行大胆的尝试。

在报纸业，纽约的瑟洛·威德绝对堪称权威人士，毕竟，他具有57年从业经验，甚至时常可以影响政策的制定。但是，他的少年时期并非一帆风顺。

他的文化水平不高，虽然在五六岁时，他像其他同龄孩子一样去上学，但在学校，他最多只待了不到两年时间。没办法，他的家境实在过于贫困，以至于他必须离开学校，尽早想办法养活自己。

最初，他在制糖厂工作。当地有很多槭树，每天瑟洛需要做的，就是在树林中采集糖汁。这份工作并不紧张，只要能按时完成工作，在剩余时间里，他想做什么都行。因此，他很喜欢这份工作，在空闲时间里，他经常读书。每天过得都很愉快，尽管他依然没有一双暖和的鞋，而当时的冬天很冷，为了保暖，他不得不找来破毯子，将它们裹在脚上。但这并没有什么，毕竟，那时候，贫穷人家的孩子总是没有鞋穿。春天的时候会好一些，气温升高之后，他就不用再拿破毯子当鞋，但这并不代表他就有了鞋——他是赤脚的。

他虽然喜欢读书，但因为出身的原因，他很少能看到书，于是，为了看到书，他不得不想方设法地去别人那里借阅。有一次，他听说有人从另一个人那里借了一本好书《法国革命史》，虽然书的主人离他的住处大于3英里，但他觉得这是一个难得的借书机会，连忙赤着脚向屋外跑去。当时，路上的积雪刚开始融化，但他实在太兴奋，丝毫都没有注意到自己赤脚跑在雪地上。

那时候，蜡烛也很来之不易，对于普通人来说，一到天黑，基本就不再使用任何光源。于是，他只能借着壁炉的光亮来读书。

离开制糖厂后，他去了奥隆德加的一家铸钢厂。在那里，工人们没日没夜地工作，吃的却很简单，一天三顿只有腌肉、黑麦和面包，没有牛奶，没有水果，没有蔬菜，也没有新鲜的肉类，他们也没有床可以睡觉，到了晚上，只能睡在稻草铺上，但是，他依然十分喜欢这份工作，并坚信可以发挥出自己的价值。后来，他开始学习印刷，辛苦程度不亚于此，每天都要从早上五点一直工作到晚上九点，但他始终坚持不懈。

逆境：意志力的温床

贺拉斯·布什尔说："逆境催人前进，也会激励人们不断努力。"

以上那些故事并不少见。许多伟大的人物都和困难，尤其和贫困作过长久地斗争，并且，凭借着坚定的意志力，他们最终都获得了胜利。

家喻户晓的天文学家开普勒，终其一生，都在孜孜不倦地探索天空的奥秘，可以说，他把自己的生命都献给了天象，但是，在当时，他的生活并不容易，为了维持生计，他不得不做一些别的工作，包括编写历书。

瑞典博物学家林奈的少年时期也不富裕，他的生活费都是由大家资助的，即便如此，他过得也并不自由，鞋破了的时候，他没钱买新鞋，不得不用纸去补鞋。

虽然身为英国皇家学会的会员，但是，科学家牛顿也没有多少钱。在他发现那些最伟大真理的时候，几乎不能按时缴纳会费，而会费只有每周2先令，对像他那样的科学家来说，并不算一笔大钱。

著名化学家戴维也有过一段十分窘迫的日子，他的文化水平不高，胆子却不小。在没有精密仪器的条件下，他用旧铁锅，旧铁壶，在自己的阁楼上做实验。正是凭借这种非凡的勇气，他最终有所成就，并成为法拉第的导师。

发动机的改良者乔治·斯蒂芬森同样出身贫寒，他有八个兄弟姐妹，他本人从来没有上过学，他不会读书，不会写字，却对发动机很感兴趣。小时候，他甚至用泥土做了一台发动机。十七岁的时候，他终于有了一台真正的发动机。他非常喜欢这台机器，不断地拆卸、清洗和研究它，进行各种各样的试验，最终成功改良了发动机。

取得成功，靠的从来不是运气，而是坚持不懈的努力和不屈不挠的意志力。

意志力催生艺术

乔舒亚·雷诺兹爵士年轻时，曾去罗马学习过一段时间艺术，在那里，他认识了很多朋友，其中有一个叫阿斯特雷。他们经常一起出游。有一次，那是初夏时，他们出去郊游，天气很热，大家都脱了外衣，只穿着衬衫和马甲，但是，无论大家怎么劝说，阿斯特雷都不想脱外套，大家觉得很奇怪，后来，阿斯特雷想了又想，才终于脱了外套，这时候，大家才知道，原来，阿斯特雷之所以不脱外套，是因为他的马甲上补了一块补丁，他不想让大家看到。可是，大家看到那块补丁后，都觉得他十分有创意，因

为那补丁是瀑布形状，看上去栩栩如生，可爱极了。

詹姆斯·夏普勒斯也一度很贫穷，但他很爱学习，为了抄写那些没法买到的书，他经常在凌晨三点起床。最初，他的作品也不值钱，但他并不气馁，依然坚持创作。他也十分重视自己对铁器的兴趣，也并不愿在工作之余放弃读书，为此，他不惜长期混迹于铁匠铺中，不放过每一点空余的时间，始终辛苦地工作，读书。最终，他的付出得到了丰厚的回报，五年后，他终于创造出了伟大的作品《化铁炉》，成为英国著名的铁器艺术家。他之所以能取得如此大的成就，除了始终坚持自己的目标，更是靠着坚定的意志力。

米开朗琪罗小时候同样名不见经传，但他十分热爱绘画，经常喜欢画一些水壶、凳子之类的静物，他画的很认真，以至于得到了一个老画家的赏识："他总有一天会超过我。"再加上他本身的努力，终于以坚定的意志力战胜了重重困难，在建筑领域、雕塑领域、绘画领域都取得了彪炳的成就，成为世界著名艺术家。

意志力孕育成功

虽然在前面，我们已经讲了那么多振奋人心的故事，但是，世界如此之大，故事永远都讲不完。就像地球一直在转动一样，意志力也会永远存在，永存不朽。

天才并不存在，那些人之所以取得成功，不是因为背景显赫，也不是因为资金雄厚，而是因为他们具备强大的意志力，并且懂得去发掘、运用这种意志力。

这样的例子有很多——就算是大诗人维吉尔，也做过行李搬运工；同样作为诗人的贺拉斯一开始只是小店主；雄辩家狄摩西尼做过铸刀匠；文学家弥尔顿曾经放高利贷为生；大文豪莎士比亚做过书籍装订工；政治家克伦威尔做过啤酒制造者；但丁和笛卡儿曾在军队服务；笛福和柯克·怀特都是屠夫的儿子；法拉第的父亲是个马夫；开普勒做过旅馆服务生；哥白尼出身于面包师家庭。

发明家更是如此，很多发明家的文化水平都不高，甚至没有受过系统的学校教育，但这并不妨碍他们创造出伟大的发明。他们具备更可贵的品质，坚强的意志力。正是这种能力支撑着他们，鞭策着他们，让他们做出了巨大的贡献，取得了辉煌的成就。

德莱顿说过这样的话——

> 命运牢牢地束缚着我，
> 但我的意志力坚定，
> 坚定的意志力给我力量，
> 它支持我向命运宣战，
> 推动我不断向前。

第六章　意志力就是永动机

　　一些人之所以能在众人中脱颖而出，取得成功，并不是因为他们才华横溢，天赋异禀，完美无缺，或者拥有多少自信，而是因为他们具备坚定的意志力。辛苦的工作总是容易使人厌烦，棘手的难题总是容易使人停滞不前，但是，对那些有潜力成功的人来说，在他们身上，永远不会出现类似状况，无论他经历多少苦难，无论他曾经多么沮丧，他们都会始终如一地坚持下去，直到看见胜利的曙光。这是成功最基础的秘诀，可惜很少有人能够理解这一点并且身体力行。

　　奥杜邦就具备这种坚定的意志力。他是一位杰出的鸟类学家，因为工作原因，他必须长时间待在森林中。许多年后，他创作了几百幅关于鸟类的绘画，这些绘画中倾注了他大量心血，而且科学价值极高，但是，由于意外，这些绘画都被老鼠弄坏了。当时，奥杜邦又震惊又伤心。因为这可怕的经历，他甚至一连病了好几个星期，然而，在意志力的支撑下，他又重新站了起来。他的身体逐渐恢复，他的精神也逐渐振作起来。当一切基本正常之后，他又抖擞精神，重新走进了森林，企图重新画出那些画。

《法国革命史》的作者卡莱尔也遭遇过这种不幸。他费尽千辛万苦，终于写完了那本书的第一卷，而且很快就可以印刷出来了，但是，在那之前，他的邻居对他说，想看一下他的作品，于是他慷慨地把手稿交给了邻居，没想到，这邻居看完后，没有把稿子收好，而是放到了地上，这时候，女仆恰好来点壁炉，不小心烧掉了全部的稿子。得知这个消息后，卡莱尔十分沮丧，但他没有一蹶不振，而是又花费了好几个月的时间，重新查找资料，潜心写作，又重新写了一份。

带着意志力前进

在文学史上，类似的人物并不少，他们都长期挣扎在贫困、窘迫和不幸中，但他们都凭借着坚强的意志力，最终坚持过去，迎来了喜人的成功。这是不争的事实。大部分文学家都会经受困境，遭受打击，没有声望也没有钱。他们之所以能取得成功，名垂青史，正是因为——无论遇到什么困难，他们都绝不屈服。而且，困难越大，他们就越精力充沛，时刻准备着去解决它。

著名数学家贝尔曾经这样教导自己的学生阿拉贡——"坚持，先生，记住，无论发生什么，都一定要坚持下去。要知道，你虽然会遇到很多困难，但它们不会一直存在，他们总会被解决，所以，只要你保持前进，就能看到最后的光明。"这些话深深地鼓舞了阿拉贡，使他潜心学习数学，最终也成为像老师一样伟大的数学家。

巴尔扎克就没有这么好的运气了。他的父亲并没有鼓励他，而是用现实的残酷教导他——"在文学界，想混出名堂不是一件容易的事，在这里，如果做不成国王，就一定要做乞丐，没有中间的路可以走。"如果巴尔扎克只是个普通人，在听到这样的话之后，恐怕就永远不会再碰文学了。可是巴尔扎克并没有，他坚定地回答父亲："没错，我要做国王。"父亲尊重了他的想法，但他并没有像自己说的那样，一开始就成为国王，他足足写了十多年，完成了数十本毫无影响力的小说，才最终写出了伟大的作品。

左拉的意志力也异于常人。童年时期，他过得十分幸福，但是，在他青年时期，父亲忽然去世，家境开始急转直下。为此，他和母亲不得不每日为生计发愁。那段时间，年轻的左拉经常食不果腹，有时候只能靠吃苹果充饥，几乎吃不到肉。而且，到了冬天，他也经常受冻，因为柴火很昂贵，他们根本负担不起。但是，即使在这种艰难的情况下，他仍然坚持买蜡烛，因为他要在晚上用那些蜡烛读书学习。

塞穆尔·约翰逊在成名之前，每天生活费只有区区九便士，因此，他的鞋虽然破了，却没钱再去买一双新的，十几年来，他都是这样度过的。约翰·洛克也是如此，他曾经只能住在阁楼上，只喝得起水，吃得起面包。尽管如此，他们比海恩的遭遇还要好一点，海恩年轻的时候，日子过得窘迫得多。他没有床，只能睡在地上，他也没有枕头，只能把书当枕头。

爱默生也是这样。他在上学的时候，曾经因为没钱借书，始终无法将一套书看完，但是，在经历这些后，他的生活开始变得越来越好。他做了教师，后来又成了作家。对于这种转折，爱默生深深地认识到，正是坚强的意志力帮助他抵挡不幸，促使他走向成功。

"作为作家，她永远不会成功"

路易莎·奥尔科特和巴尔扎克差不多。她的出身不是很好，家里欠了很多钱，最初，她也只是个老师，她开始写作的时候，没有任何人支持她。一位叫菲尔德的编辑曾这样告诉她——"我觉得你还是适合做老师，因为你永远不可能靠写作获得成功。"但是，路易莎没有气馁，在一片反对声中，她始终坚持写作。对于菲尔德的话，她是这样回复的——"我觉得你的想法有失偏颇，总有一天，我不仅会靠写作获得成功，还会让你喜欢上我的书。"在坚持不懈的努力下，她终于实现了诺言。靠写作，她足足赚了20万美元。用这些钱，她不仅彻底还清了家里的债务，还让家人过上了幸福的生活。

"把不可能的事情变成可能"

很多目标，看似远大，但一切皆有可能，只要你敢于向它们挑战，并且一直带着意志力前进，你就会离它们越来越近。作为万物的灵长，我们理应尽力做好能力范围内的每一件事情。

查尔斯·福克斯说："如果一个人天生擅长演讲，并且在第一次上台的时候就成功了，这自然是件好事情，但是，如果一个并不非常擅长演讲的人，在第一次上台时，做的不是那么尽善尽美，却可以从中吸取经验教训，继续努力改进自己，那么，这个人以后所取得的成就，很有可能比第一个人大得多。"

科布登就是这样。他第一次演讲是在曼彻斯特，无论从哪个角度看，那都不是一场成功的演讲，但是，他并没有被失败吓倒，而是一直完善自己，最终赢得了人们的称赞。

迪斯累利是英国重要政治人物，本来，他并不想位居高位，那时候他还经常嘲讽地对众议院说："你们马上就能听到我的声音了。"然而，后来，他真的做到了。他曾管理英国政府长达二十五年。

为意志力确立目标

在众多能使人成功的因素中，天赋、智慧、修养自然都很重要，也是人们可以控制的因素，当然，运气和机遇也很重要，但这些更随机，更难以捉摸，人们总是不能左右它们，所以，在这里，我们不考虑这些因素。

重要的是，尽管你具备天赋、智慧和修养，如果没有树立一个明确的目标，并始终向这个目标迈进，最后也很有可能不会成功。一个清晰的目标对于每个人都十分重要，但是大部分人都缺乏这种树立目标的能力。斯多克这样说："他们甚至从未考虑过任何关于目标的问题，总是得过且过，随波逐流。他们不知道自己想干什么，能干什么，觉得自己做什么都行，做什么都没关系，无论是做生意，还是参与政治，他们都人云亦云，左右摇摆，没有自己的想法和观点。"这样的人，很少有机会取得成功。

这世界上有天赋的人并不少，有智慧的人也不少，他们本可以成为伟大的画家、作家、医生、音乐家，但是他们没有。这是为什么？因为他们不具备坚定的意志力，只要遇到一点困难，就怨天尤人，就迫不及待地退缩、放弃。这样的人，自然不会有太大的成就。

意志力不仅能给你提供强大的动力，支持你一直向成功挺进，也能使你的精神面貌焕然一新。它是一种看不见的力量，它能使人在潜意识中就信任你，支持你。这和自信差不多，如果你自己都相信自己，别人自然也会倾向于相信你。而你表现给外界的，也都是积极向上的品质——不畏艰险，勇于开拓……这样的人，谁又会故意刁难他，阻挠他，打击他？

既然已经定下目标，就要全神贯注地去接近目标，完成目标，至于到底能不能达到，什么时候能达到，思考这些问题，未免太没有意义。那些具备坚韧不拔意志的人，从来都不会思考这样的问题。他们一旦设定好目标，在奔向目标的道路上，他们唯一做的事，就是一直保持前进的姿态，并在前进的过程中考虑如何让自己走得更远，如何才能更接近自己的目标。他们总是那样勇往直前，带着坚定的意志力，毫不畏惧地跨越山河，穿越沼泽，坚定不移地向着最终的目标前进。

在美国历史上，一个普通人，经过自己的努力获得成功，一个

天才，因为一件小事而走向失败，都是极为正常的事。通过无数案例分析，我们可以发现，一个普通人想要获得成功，必然离不开坚强的意志。而一个天才缺乏了意志力，也难以有伟大的成就。

成功必备的三种品质

"想要成功，需要三个必要条件：毅力，毅力，毅力。"查尔斯·萨姆纳曾经这样说。

要做成一件事，自然要集齐很多因素，机会是其中很重要的一个因素。但是，只有机会，没有毅力和决心也是不行的。一个不够坚定的人无法为自己赢得地位。正是毅力和勇气，统治着我们的这个世界。

失败成就了伟人

欧文说："成功的路上总是充满荆棘与苦难。但是，只要有意志力，这些恶劣的条件反而会激发我们的勇气和热情，考验我们的意志力、才能和美德，使我们在一次次失败的尝试中，逐渐建立健全的心智，找到人生的意义。人类的伟大之处就在于他们可以不顾一切地战胜困难，挑战自己。"

成功并不以一个人做到什么来衡量，而是以他遭遇了什么，以及怎么表现来衡量。不是跑得越远的人越会得到奖牌，而是战胜了越多困难的人，更有可能得到奖牌。

"伟人一定要经历失败。正是这些失败让我们更好地前进。不要厌恶失败，是失败让我们更有可能成功。"亨利·比彻说。

我认识一个叫西摩的人,他住在纽约,是个不折不扣的成功人士。我曾经问过他这样一个问题——"如果让你抹去之前做过的事,你会抹去什么?生意上的失败?还是受过的苦难?"对于这个问题,他是这样回答的——"不,都不是。失败和苦难对我有很多好处,我不愿意消除它们。正是它们带给我不可估量的财富,我会终生感激它们。"

钱宁说:"艰险、苦难、冲突总是不受欢迎的。我们想方设法逃避它们,一旦不能逃避,就开始恶毒地咒骂它们。我们更喜欢宁静的港湾和平坦的大路,但是,在这个过程中,我们却忽略了风险带来的不可比拟的财富。一帆风顺的生活固然值得向往,但只有曲折的人生才堪称精彩。如果一切都尽如人意,一个人的修养和智慧还有意志力绝对不会十分明显地体现出来。从这个角度说,艰险不仅激发了我们的潜力,也有利于我们认清自己。"

霍尔姆斯说过——

不要放弃,机会终将来临,
就算只有百分之一的可能性,也要坚持下去。
坚持下去,就是胜利。
勇敢地坚持下去,
真正的勇气,也是最高的荣誉。
这是最古老的真理。
坚韧不拔,永不放弃。
这是男子汉真正该有的勇气。

·第二篇·
成功需要进取心

高贵的个性

第一章　永不消逝的进取心

罗盘在刚被制造出来时，它们还没有被磁化，因此不会受到地球磁极的影响，也不能很准确地指出正确的方向，只有经过磁化，它们才会像被魔力支配一样，立刻指向北极，并且一直不变，仿佛变成了全新的东西。人类也是如此，在进取心没有被很好地发掘出来时，会像未经磁化的罗盘那样自由散漫，对什么都无所谓，无论做什么，都鲜有成就，但是，一旦进取心被激发出来，他们就会发生巨大的变化。

是什么指引我们不断追求更高更好的目标，避免任何形式的堕落，最终走向成功？是什么促使我们战胜命运，追求幸福和进步，完成一系列崇高的使命？

是一种有趣而神秘的力量。它有一个响亮的名字——进取心。

进取心是什么？它来自哪里？它是如何进入我们的生命的？

它是怎样运行的？它到底有多重要？

进取心是一种伟大的激励力量，也是一种永不停息的推动力，就像之前一直在讲的意志力一样。它们两个相辅相成，相互作用，不断激励人们向前发展，向前进步，使我们的人生变得更加精彩，更加崇高。它藏在每个人的内心深处，与生俱来，就像每个人都会下意识地保护自己一样。

进取心代表着不断追求、不断向上，它存在于所有生物身上，是它们从存在开始就已经具备的本能，是来自生命的本能，是哪怕像蜜蜂和蚂蚁，像种子这样的小型生物都具备的本能。所有的生命都在努力向上，努力使自己活得更好，努力向前发展，并尽量使自己进化为更高级的生命形式。

但是，这种本能若要发挥巨大的作用，也需要适当的激发和引导。

进取心是一种伟大的力量，这种力量是如此持久而坚强，即使是最微弱的进取心，只要稍稍经过培育，就会茁壮成长，开花结果。正如植物被进取心驱使着破土发芽，人们也被进取心驱使着，不断完善自我，追求完美。这种源于我们内心的推动力支撑着每个人的人生，时刻激励我们不断奋斗，一直向前。

今天，我们经过努力，取得了比昨天更好的成就，也许到了明天，我们会获得比今天更好的成就，这种想法永远无法被满足，于是人类一直在进步。在这种力量的召唤下，我们不断完善自我，追寻更加高远的理想，更加完美的人生。为了达到这个目的，我们甚至心甘情愿地放弃物质上的舒适，毫不犹豫地牺牲时

间和金钱。

"想要追求幸福和进步,就要拥有信心和理想。"琼·菲特说。

梭罗说:"没有任何努力会白费。这就是进取心的魅力——一个人,只要肯用一生的时间和精力去做一件事,只要始终抱着希望,不停激励自己,只要用勇气、宽容和真诚去为人处事,就不可能没有收获,就不可能得不到提升,就不可能一事无成。"

很多人都会认为,既然进取心与生俱来,人人都有,就不可能通过个人努力所去培养和改善。这是一种错误的看法。进取心的种子虽然埋藏在我们每个人的心里,但是,想要让它发芽,长大,就需要时刻呵护它,精心培育它。如果我们没有提供给它足够的养分和关心,它就永远都不会发芽。或者,就算它们勉强发芽了,也会因为各种各样的原因而遭到严重的伤害。如果这种伤害真的足够严重,就足以摧毁这株幼苗,让我们完全失去进取心。

只有我们足够关注它,精心呵护它,时刻督促自己养成自我激励、不断前进的好习惯,摒弃那些坏习惯,这株幼苗才会茁壮成长。

进取心需要关注和鼓励。如果没有得到应有的关注和鼓励,它就会渐渐枯萎,退化,最终消失得无影无踪。

注意聆听你的内心,如果你听到来自进取心的呼唤,一定要多加注意,小心处理,否则,这种声音会越来越小,最终完全消失无踪。到了那时,你就会完全失去进取心,失去光明和快乐,就像失去你最好的朋友那样。

第二章 不安于现状的人

如何才能进步？如何才能成功？要前进，要有欲望，否则你就会永远停留在原地，绝对不会向前推进一步，当然，积极进取并不代表要愤世嫉俗，对任何事都觉得失望，但也不代表要安于现状。

安于现状总是和不思进取联系在一起。很多人最初做事时，都雄心勃勃，信心满满，在遇到一些困难时，前进的速度就越来越慢，最终停下来，满足于自己已经取得的成就，得过且过。这简直是人们可以看到的最悲惨的事。

碌碌无为，一事无成，这种生活自然极为可悲。世界上永远有更美好、更有趣的东西，凭借一个人一生的力量，是绝对探索不完的。所以，我们为什么要满足于现状呢？既然世界是如此缤纷多彩。只有上了年纪的人才会害怕冒险，害怕变动，作为年轻人，为什么要像老年人一样容易满足？难道你不觉得，当你开始感到满足时，你正在悄悄地退化吗？

一个对现状没有任何想法的人，早就丧失了产生更美好愿望的能力，他无法知晓，那些人类当中的佼佼者之所以有所成就，都是源于对现状的不满足。唯有进取心才会让人产生改变现状的想法，一种对现状强烈的不满而滋长出的激情，才会鼓励着人类去追求更加完美的生活方式，这是人类为什么会进步的根源所在。

朝气蓬勃的年轻人，我的朋友，你是否懂得，只要你愿意更

加积极地努力,就可以将自认为已经做好的事情做得更好。身为公司职员,在你看来,你好像已经做得很好了,将自己本分内的事情都处理得不错,尽职尽责,工作勤勉。可是,如果有这样一个非比寻常的奖励,给予那些在未来两个月内能够将工作做得更加出色的员工,你是否还觉得自己已经做得足够好,而工作真的没有任何进步空间了吗?

只要你有进取心,更加积极主动地付出行动,你就可以将看似完美的事情做得更加完满。从职员的角度来看,你为自己完成了工作任务而感到骄傲。但是,我可以肯定地说,一旦你用领导的眼光来看,将自己视为公司的所有者,你就能从更高的层面上发现问题,并找到解决这个问题的方法。你是否也有过这样的想法:如果自己再上进一些,更加高效地利用时间,一定能取得比现在更好的业绩,也会积累更多的经验。可是,在实际工作中,你考虑更多的是如何加薪,而不是汲取领导的成功经验?在产品出现问题的时候,你经常采取的是事不关己高高挂起的态度,而不是想办法去降低损耗?你曾经因为自己不够心思细腻而平添很多麻烦?你是否觉得,自己之所以对眼前的工作丧失兴趣,没有取得什么成就,是因为奖金不够多?

这么多活力四射的年轻人,竟然对于自己的现状无动于衷,这真的是非常可悲!他们从来都没有期待过更高的成就,也不曾产生过任何较高的期望。

即便是那些能力不错的职员,似乎对于自己平庸的生活也没有什么想法,即便是可以唾手可得那些更高的职位,他们也不想有所付出和改变。我有一个朋友,在我看来,他所拥有的能力,是他老板所不能够相比的,但是,很多年过去了,他一直都是个默默无闻的小职员,他始终想把生活过得简单些。不知道有多少次,我鼓励他自行创业,委婉地提示他可以比老板做得更好。他却不这么认为:"我不想去做更大的生意,那样就必须要承担更多的责任。我对于现状很满足,我只要用心做自己就好,而不用顾忌别人。生活是用来享受的,不是为了徒增烦恼。即使我知道,凭借我的能力,一定可以做得不错,可是,创业真的是一项非常消耗心血的事情呀!"

没错,职位越高,需要承担的责任和风险就会增多。可是,只要一想到通过将自己的才智尽数发挥而取得成功,做一个真正的男子汉,利用自己的天赋,抓紧机遇,不管付出多少心血,面对多少风险,只要能够将肩负的使命顺利完成,把成功的消息告诉全世界,就是一件非常有满足感和成就感的事情!

其实,成为自己所期望的模样并不难。只要我们志存高远,信念坚定,并为之付出艰苦卓绝的努力,不管什么样的目标,都可以达到或者至少接近。如果我们的雄心壮志能够很好地支配所有的行为和思想,那么,距离期望中的现实就不远了。但是,如果一个人的期望本身就存在问题,不是崇高神圣的,那么,自身意志就很容易被不良品质所侵蚀。因为,你的生活状态就是理想的具体反映。

在应对社会需要的压力下,在进取心的指引下,人类对美好事物的渴望不曾消减,所以人类文明一直在向前发展。只要每个

人都能将本职工作做好，坚持付出努力，那些没有实现的理想终能成为现实。

人们努力去寻找适合自己的位置，获得更多的物质财富，追求更好的社会地位，去接受更优良的教育，令举止更加优雅，品行更加高尚。这种努力成为性格的一部分，将使我们变得更加强大，生命更有活力，社会也会变得更加繁荣和富强。

当我们取得了一些微不足道的成就，当我们赢得了一点微乎其微的赞美，很多人便止步不前了，放弃了之后的努力。然而，一旦进取心被消耗殆尽，人们就会失去前进的动力，被懈怠的情绪包围着，厌倦随之而来，这样的生活令人一蹶不振。

刚取得成功时，那种滋味就像是精神鸦片，会让奋斗的人沉醉其中，心灵受到麻醉。只有永不满足的进取心才能和那种不良情绪做永恒的对抗。和最初的干劲十足相比，能够一直将斗志保持下去，坚持做好本职工作，则需要更大的勇气和更强的意志力。

懈怠是进取心的公敌，很多人经不起安逸的诱惑，又对挫折充满了恐惧，导致进取心不够强烈，因而总是轻而易举地被懈怠打败，无法从一而终地追求美好事物。而懈怠其实是有迹可循的，安于现状就是它的先兆。

有一首诗曾说——

那些最后攀登到顶峰，
呼吸到最纯净空气的人，
一定不是在中途随意休息的人，

他们会不停地攀登。

没有比帮助那些容易满足现状、缺乏进取心的人更加困难的事情了，因为他们先天就缺乏坚定的自我要求，没有足够的进取心来激励自己前进，如果后天再丧失充足的忍耐力，那么就很难完成艰苦的工作了。

如果一个充满活力的年轻人，满足于已经取得的成就，对那些没有被激发的潜能坐视不理，自己就已经丧失了斗志，甘愿在平凡的生活中了此一生，那么，我们不管做什么都是没有用的。因为缺乏充足的进取心，他不会主动去努力，更不会认为展现自我、创造成果是一件美好之事。

只有那些对现状不满、渴望精益求精的年轻人，才会成为最终的胜利者。他们有自己明确的目标，也会为此不懈奋斗，理想才最终可能转化为现实。

进取的法则就是尽快行动起来，不断努力是追求进步的途径。当人们的诉求降低，不想为更好的未来而奋斗，他的精力、体力会日益透支。与此相反，如果他迫切地想通过努力改变自己的境遇，就会在奋斗的过程中塑造更为崇高的人格。

当有人曾向美国薪水最高的职业经理发问，他因何取得成功？那个人是这样回答的："我并不觉得这样就是成功了，我还有更为高远的目标，没有人会真正成功。"

只有自以为是的小人物才认定自己是成功者，那些真正伟大的人从来都觉得离自己的目标还有距离。因为他们在不断进步着,他们的标准也在不断提升,当他们达到一定程度,眼界足以开阔,便不会拘泥于短暂的收获,而是会有更加高远的进取心。如果你在一个普通职位上取得了丰厚的薪水,从此就觉得职业生涯已经很美满了,不会想要谋求更高更好的职位,那会非常危险,因为你的进取心正在一点一点减少。即便你具备做得更好的能力,但安于现状的你,永远和更高的薪水无缘,也会和更好的职位失之交臂。

一些人分明可以取得比现今更加辉煌的成就,却不思进取,很大一个原因,就是周围的人总向他灌输这样的观念:这样就很好了。如果碰到了这种情况,你最好听听以下建议:"不要心存侥幸。如果你薪水不是很多,也没有想过追求更好的生活。那么,你以后只会越来越差。"不要暗示自己没有能力去实现理想,每个人的内在力量都是巨大的,你需要时刻注意它,合理地运用它,理想就在你的脚下。

当你终于发现自己具有将可能性变为现实的能力,当你终于知道自己就是超人,那么,没有任何事情能够阻止你实现理想的脚步。

只有安于现状的人才会觉得自己拥有了一切。而进取者永远不会停下探索的脚步,在他们看来,任何事情都没有尽头。只有这样,他们才会不断去完善自己,去获得更大的成就。

第三章　改变环境的能力

成功者的身边大都是成功者，失败者的周围大都是失败者。不幸的人总是有着相似的特质，散漫的人同样气味相投。一个人能否树立崇高理想并取得不俗成就，和他周围的环境密不可分。周围的环境是不愉快的还是和谐的，身边的亲友总是打击还是鼓励你，这都对你将来有可能成为一个平庸无奇还是出类拔萃的人造成影响。

只有当我们对一个人的期望和意愿有了基本的了解，才可能和真正有抱负有理想的人交往。在和他人交往的过程中，我们总是会将周围亲近之人的特点展现出来，他们的言谈举止给我们留下了影响，虽然很多时候我们不易觉察，但是，他人会很容易发现这一点。

如果你同失败者交流多了，就会发现，他们之所以失败，和他们周围的不良环境有着密切的关系。他们身处的环境从来都不是正面的、积极的，可以激发人、鼓励人的。在这种环境下，进取心很难生长起来，如果他们本身还不够强大到足以抵御这些负面力量的话。

很多人都比其他人聪明，也比其他人强壮，在大多数人看来，他们比别人更容易有成就，更容易拥有不凡的生命，但是，事实却是，他们坐拥天赋，却过着十分平凡的生活，一生碌碌无为，平庸终老。为什么呢？因为他们的天赋没有被及时地开发出来，他们不是很渴望成功，也并不觉得自己可以取得成功。于是，他们就这样忽视了自己的才华，并且一点都不觉得可惜。

如果他们能善加利用自己的才华，结局也许是另一番景象，但是他们不具备斗志，也不具备积极向上的精神。这种斗志和精神是激发个人潜力的重要因素，无论做什么，都少不了这些。当然，除此之外，你也可以从外部寻求帮助，找到那些和你有着相同志向、了解你、信任你、愿意支持你的人，和他们随时保持联系，接受他们的鼓励并借此让自己走得更远，或者和他们一起走得更远。对于任何成功人士来说，朋友都很重要，很多时候，你能不能成功，也许就取决于他们。

每个人都像刚从矿坑里被挖出来的钻石一样，无比粗糙，看起来毫不起眼，只有经过细心的雕琢，才能释放出隐藏的华美，变得光彩夺目。但是，不是所有人都能幸运地遇到打磨自己的转轮。所以，这世上的大多数人都荒废了自己的才华，或者只发掘出了很少一部分才华，取得了微不足道的成就，埋没在众人之中。

想要发掘进取心，除了靠自己的力量或者靠别人的力量，也可以靠一些微不足道的意外。这可以算是一种机缘，往往会出现在你意想不到的时间。也许，你一直萎靡不振，空虚无聊，特别消极，甚至不知道为什么要活着，乃至于严重到想要结束自己的生命，但是，有一天，你突然看到一句名言，听了一次演讲，看了一个故事，读了一本好书，或者只是被朋友重重地拍了一下肩膀，你的进取心和上进的力量就会巧妙激发出来，藏在你体内巨大的潜力也会爆发出来，从此，你开始上进，整个人都焕然一新。尽管你周围的环境依然非常糟糕，但你已经不在乎了。

这种情况很普遍。我认识很多这样的人。而且，有很多人天生就适合指引别人走出混沌与黑暗，比如温德尔·菲利普斯·韦伯斯特和亨利·克莱。他们用自己的演讲指引了很多颓废的年轻人，使他们重拾信心，变得朝气蓬勃，不仅为社会做出了巨大贡献，甚至于创造了一个国家的历史。

就美国来说。这个国家刚刚诞生时，各地存在很多老式的辩论社团，正是因为参加这些组织，并积极地过一种群体性生活，人们才得到了强大的力量，做出了各种各样伟大的事情，如果只是独自一人，失去了一个好的环境，这些人一定不会取得那么大的成就。

在刚来到城市中的乡下小子身上，这种情况尤其明显。在他原来的生长环境中，一切都很简单，生活节奏也很慢，他能看到的东西也不是很多。突然有一天，他脱离了那种环境，进入城市，就像来到一个完全不同的世界一样，他的雄心壮志也会前所

未有地被激发出来。城市里有各种各样的职业，有开放而相对公平的环境，有各种各样可以看得见的成就。工厂、写字楼、商业、广告……人类的一切成就。他可以明显地看见，每个人都在忙碌，每个人都在积极进取，这种良好的气氛自然会裹挟他，召唤他，催促他不断向前，发挥出自己的潜能，挖掘出那些深藏在身体中的力量，创造出属于自己的事业和帝国。

像最厉害的病毒一样，进取心也会在人群之间快速传播。如果一个人听到了其他人的成功事例，自然也会想到自己，或者在心里问自己——他是怎么取得成就的？我为什么没有像他一样？我是比他差吗？还是因为别的原因？没有人甘愿承认自己不如别人，只要不存在必败的可能，大多数人都愿意试一试。就算他走的路和那个成功的人不一样，选择的领域也不一样，但是，他全新的想法一定会被激发出来，这回促使他为自己定下全新的目标，以前所未有的热情面对自己的工作。

在我认识的那些人中，有很多这样的乡村企业家。由于缺乏必备的资金和经验，他们一开始都很困难，也都很想向大城市的那些同行学习。也许他们并没学到多少实际的内容，但是，学习这种行为本身却让他们获得了一些特别的动力，在学习过程中中，他们的进取心被最大限度地激发出来，正是这种进取心让他们在回到家之后，为自己确定了崭新的目标，帮助他们最终成就了事业。

在其他领域，这样的事情也很多。有些医生参观了一些更大的医院，见识到了更高水平的治疗方式，参与了更加精准的手术，在以后的工作过程中，他的进取心很有可能被激发出来，也会把自己的工作做得尽善尽美。

在商业方面尤其如此，那些小规模经营的商人，如果没有身处一种良好的竞争环境之中，就会发展缓慢，以至于停滞不前。他们通常不敢冒险，也不敢孤注一掷去博取什么。他们老里老气，循规蹈矩，不清楚自己的潜力有多少，也根本不想去注意那些，他们不敢挑战难题，只想去做一些简单的事情，走那些自己早就走过的路。长此以往，他们一定会被大环境淘汰。

和各种各样的人接触，尤其是和那些成功者接触，会在短时间内使自己的经验得到迅速增加。同时，你也会发现，成功者的眼界更为长远，他们不会只考虑眼前利益，而会为自己制定长远的目标，树立远大的理想。他的行为，他的生活，他所做的一切都是为了这个目标和理想，他会潜心研究他该研究的东西，也会适当地了解一些周边的知识。凭借不断地学习和思考，他的大脑时刻维持着高度的灵活性和创造性，他对知识总是充满兴趣，无论学习什么，他都愿意开动脑筋去思考与研究。

长时间的情绪低落，消沉厌世，不思进取，一定意味着现实中的失败。如果你想获得成功，最好不要接近这些人，因为，如果和这些人相处，时间久了，我们也会受到他们的负面影响，为了避免这种情况的发生，我们应该尽量远离他们，转而去接近那些怀有理想、认真工作、敢于挑战的人，这样，我们渐渐也会变得像那些人一样积极向上。也许这个过程会很慢，但是，只要方向对了，慢一点也没关系。

高贵的个性

对一些人来讲，小城市和乡村自然有很多好处，那里环境优美，贴近自然，生活悠闲，但是，对于那些想要做大事的人来说，最好还是远离那些环境。因为缓慢的节奏容易让人懈怠，在那种环境里生活，你做什么，怎么做，通常都不会有一套精准的规则。快一点可以，慢一点也没关系。他们不想争取什么，也不想让你争取什么，只会无限期地重复之前的生活方式。

无论如何，只要生活在某个环境中，我们就会潜移默化地受到环境的影响。久而久之，这种环境的气氛也会越来越强，进而吸引更多相似的人，所谓物以类聚，人以群分。

对于年轻人来说，学校是一个很好的环境，在这个环境中，激情很容易催生，目标也很容易确立，但是，这个环境在很大程度上是真空的，不现实的。很多人一旦脱离这个环境，就会顿觉现实的冰冷和无情，在凛冽的寒风中，他们的梦想之花迅速枯萎，他们对未来完全失望，他们的热情和理想，也会迅速退化成平庸和绝望。也许在以后的日子里，他们会因为一些偶然，再次发现自己的潜能，但是，在那个时候，很可能已经来不及了。时间不等人，越早激发自己的斗志，也就越容易取得成功。

这是不争的事实，但是，环境虽然存在，却并非不能改变。很多人都成长于十分恶劣的环境中，但他们依然保持着自己的进取心，始终没有被同化，并最终改变了周围的环境。这并非困难之事，只要你真的发自内心地渴望成功，就能最大程度地发挥自己的潜能，最终达到自己的目的。

第四章　进取不代表贪婪

我们当然要时刻保持自己的进取心，但是，这并不代表我们必须贪婪地获取一切，这是十分错误的做法。无论什么时候，尊严和快乐都是至高无上的，它们远比金钱和权利更重要。大城市里虽然有很多人孕育了很多成就，但是，在那里，很多人无法拥有真正的生活，他们只是勉强生存。在变态进取心的驱使下，他们变成了欲望的奴隶，无论拥有多少，永远无法满足，更别说内心的强大和平静。或者说，他们的进取心只是一种虚假的镜像。他们不是为了自己进取，而是为了进取给别人看。他们总觉得别人看不起自己，为此不惜拼命包装自己，使自己看起来比实际情况有钱有地位。不得不说，这是一种可耻的虚荣，远远不是真正的进取。他们追求着自己无法负担的高消费，超前消费，他们活给别人看，把自己搞得精疲力竭，拆东墙补西墙，内心永远无法获得真正的安静，更无法感受真正的快乐和幸福。因为他们没有

高贵的个性

真正遵循自己的内心,而被外界绑架,最终成为可悲的牺牲品。

为了活给别人看,他们几乎耗费了所有精力。他们不仅一刻都停不下来,而且已经没有任何精力去思考一些长远的问题,做那些真正对自己有益的事。他们甚至不肯好好看一眼现实,只是不停地忙着往自己脸上戴面具,往自己身上披伪装,狂热地希望在别人面前完全隐藏自己,将自己包装得金光闪闪,光芒万丈。

其实,人类文明发展到今天,虚荣已成为一种通病。人们为了虚荣简直可以牺牲一切。幸福,健康,快乐……什么都变得不再重要。我们宁愿为了浮华奉献出自己的青春,哪怕自己早已透支过度,力不从心。但是,即便如此,大多数人依然不能停止虚荣的脚步,因为他们只要一停下来,就会觉得自己灰头土脸,被所有人都看不起。只要不能赶上大多数人的节奏,他们就会觉得自己是无能的,卑微的,是个不折不扣的失败者。他们空洞地认为,就算自己感觉糟透了,也必须强迫自己赚更多钱,向别人展示自己的财产。

每个人的能力都是有限的,你可以尝试挑战自己,但不要去颠覆自己。了解自己,认识自己,再把自己摆到一个合适的位置上,这是最重要的事,而不是一点都不看自己的状况,盲目从众,追赶潮流。这是多么可悲的事情,无论是以前还是现在,有多少人为了满足这种愚蠢的虚荣心,被房子、钞票和债务逼得求生不得,求死不能,只能一辈子做个没有自由的可怜奴隶?

在这些问题中,债务又是最可怕的。它远比其他麻烦更让人焦躁,也更容易把人们的生活搅得一团糟。当然,在一开始,伸手向别人借钱总是很容易的。并且，我们总是相信自己可以按时偿还那些钱，但是，未来会发生什么，是谁都说不准的事。没有人敢保证自己会永远健康，不患任何疾病，无论是精神上还是身体上的。因此，既然谁都不能确定未来是顺利的，还不如靠自己的力量去改善自己的经济状况，就算过得简朴一些，简单一些，也比负债累累，成为别人无形的奴隶好得多。

我们一直在谈论成功，但是，我们一定要知道，你在内心深处，真正想要的是什么，而不是别人想要什么，如果你的成功包含了太多别人的期望，或者一些与道德完全相反的东西，就算你最后实现了目标，也会留下很多遗憾。

很多年轻人都不知道自己想做什么，能做什么，该做什么，对于他们来说，人生一片迷茫，既没有价值，也不需要价值。于是，他们像一个空壳一样，只会人云亦云，而完全忽略了自己的内心。而对于大多数人来说，什么又是成功呢？有钱，有权力，过得光鲜。这种单一的、机械的理论使很多人都树立了这样一个错误的观点——人生就是为了赚钱。这是多么可悲的事。他们活着竟然只是为了赚钱，除了赚钱，其他一切对他们来说一点都不重要。他们不考虑怎样才能活得更好，怎样丰富内心，只考虑怎样赚钱，和别人谈话的时候，他们也只会谈到赚钱，衡量一个人有没有价值，是不是成功，他们也只会用钱来做标准。因为他们狂热地崇拜金钱，甚至泯灭了自己作为人的基本属性。

那正是每个人身上最重要的部分。就算一个人在最初怀有热切的期望，积极的进取心，如果一直追求欲望，整个人都会被扭

曲。出色的能力、细腻的情感、高尚的使命……诸如此类的美德都会逐渐丧失，逐渐被赚钱这个机械的目的所吞噬。友情，爱情，亲情……在金钱的冲击下，很快就会土崩瓦解。

而在这个时候，如果这个人还是被贪婪和冷漠所支配，怀着病态的野心，只想疯狂地赚钱，其他什么都不考虑，就算是良知也不考虑，用不了多久，他的目标也会分崩离析，不复存在。他会失去一切，包括快乐和幸福，包括他自己，最终也包括金钱。

因为这是最高形式的贪婪，也是最被唾弃的自私。

很多人都经常思考，对于人类来说，什么才是最重要的东西，活着到底是为什么，到底应该追寻什么？无论这些问题的答案是什么，只要一个人选错了目标和方向，把进取心和目标建立在错误的基础上，在这个时候，进取心越强烈，错得反而会越厉害，我们也就不可能获得快乐和成功。

把金钱作为人生的终极目标，就是这样一个可怕的错误，如果尽早回头还好，如果执迷不悟，死不反悔，那个人必将走向不可挽回的灭亡，那些冰冷的金钱，最终也会流入别人的口袋。

有很大一部分人，他们和上面那种人不同，他们不会疯狂追求金钱，却始终认为，如果他们有足够多的钱，他们就会一直保持健康和快乐，也会永远拥有最高级别的幸福。这是另外一个巨大的误区。在很大程度上，我们幸福与否，并不依赖于外部环境，更依赖于我们的内心。我们之所以不快乐，不幸福，不是因为缺少金钱，而是因为我们的贪婪，妒忌和虚荣，正是这些恶毒的情感时刻干扰着我们的内心，让我们郁郁寡欢，不知满足。我们更倾向于关心别人拥有什么，而更少关注自己的感觉。

贪婪、野心、攀比、虚荣以及自私自利……它们杀死快乐与幸福。贪得无厌的人从来不会满足，而只要不满足，就永远不会得到灵魂上的安宁。这种不满足和进取心有很大不同，前者是病态的，毫无理由的，后者是健康的，积极向上的。进取的基础是个人的责任，不是一己私利。如果忘却责任，野心无限膨胀，害处十分巨大，尤其对于政客来说。

进取心是一种很奇妙的东西，我们就算能够让它发芽开花，也不知道它最后会长成什么样子，但是，只要我们不用自私和贪婪去浇灌它，始终尽自己的所有力量去关心它，呵护它，它就会茁壮成长，并且达到最完美的状态，由此，我们也会感到甘之如饴。

进取心是一种纯粹的存在，它容不得任何杂质和污染。它需要高尚的情感去滋养，谢绝任何狭隘的、疯狂的情绪。当一个人为了获取自己想要的东西不择手段、不顾一切的时候，他无法开发出巨大的潜力，也无法真正达到自己的目标。只有灵魂保持完整和纯洁，才能达到一个健康的状态，只有保持健康的状态，才能让生命放出光彩，熠熠生辉。

第五章　进取心使人保持年轻

很多人在年少时都拥有积极的进取心，坚定的决心，也树立了相当远大的理想。那时候，他们可以为了自己的目标不眠不休，随时保持紧张、活泼的状态，并相信未来会充满光明与美好。但是，随着时间的流逝，年龄的增长，他们越来越懒惰，越来越颓废，他们开始对得失斤斤计较，不愿为看不见的未来付出任何代价，再不愿不顾一切地追寻那些看起来遥不可及的梦想。他们的热情减退了，冷却了，熄灭了，在现实的冲刷下，他们失去了生活的目标，忘记了曾经的梦想，越来越不敢挑战自己，最终渐渐安于现状，贪图安逸，不再进取。

这是真正的衰老，这种精神上的衰老比身体上的衰老更为可怕。也许很多人不相信这种现象。他们认为，如果一个人真的具有进取心，就会永远具有进取心，不管遇到什么事，这种情况都不会改变。这种看法实在有失偏颇。无论对谁来说，进取心的保质期都没有那么长，它容易受到很多因素的影响，也容易逐渐消磨。想要保持进取心，需要很多条件同时作用，这其中既包括意志力、决断力、忍耐力，也包括旺盛的生命力，只有具备这些条件，我们才能呵护、培养进取心，让它时刻保持活力，永不枯竭。

无论做什么，你都需要进取心的帮助。当你怀有进取心的时候，你会在它的指引下，对未来抱有希望，对进步充满渴求，对实现自己的雄心壮志充满信心，你会觉得浑身都充满了力量与激情，时刻激励自己努力工作，避免失误。这样下去，就算你的身体在衰老，你的精神也会长葆青春。可是，随着时间的流逝，很多人都难以保持进取心，也很难再不遗余力地致力于实现自己年轻时的理想，他们越来越不想解决困难，也不想再经受任何形式的苦难，他们不想再努力，不想再争取，甚至于，对于日常工作，他们也会觉得厌烦，时刻都感到深深的倦怠。长此以往，各方面能力都会退化，显现出无法挽回的颓势。

年轻人总容易认真甚至较真，在有一定阅历之后，尤其是到达一定年龄之后，人们往往就不会那么做了。他们不再费尽心思打扮自己，也不再积极思考，更不会费尽心思去追求华丽的生活和看起来很远的目标，他们觉得无论怎么努力，怎么挣扎，自己都终将老去，既然如此，就不该再做那些只有年轻人才做的事。

从某种程度上讲，这种想法并没有什么不对，但是，在进取心方面，却不应有年龄之分。就像如果你对一件事充满兴趣，无论年轻还是年老，都愿意去做。哪怕到了生命的最后一刻，也会用尽全力。

当然，对于几乎所有人来说，总是愿意走更简单的那条路，没有人会喜欢艰险和苦难，这是生物的本能。就算那些伟大的人，也会时常在心里做着激烈的斗争，在安稳和竞争面前，没人会不犹豫，谁会不喜欢慢慢悠悠、顺顺利利的生活呢？可这种生活却会让人变得越来越懈怠，越来越懒惰，越来越不敢去挑战，不敢去超越。

这世界上谁最可怜？当然是那些已经失去了进取心的人。他们缺乏进取心的支撑，根本不知道自己为什么要去努力，更不知道什么是理想，为什么要有理想。这简直是最可悲的事，不管一个人处于多么艰难的境地，只要他的进取心还在，他的身体里还有一团火在熊熊燃烧，他就还有希望，也就还有翻盘的机会，如果他的进取心消失了，他就完全失去了动力，变得迷茫而颓废。这跟年龄的关系不大，或者可以说，根本就没有任何关系。年老的人可能怀抱进取心，年轻人可能没有进取心，这是很平常的事。并不像某种看法认为的那样，只要一个人到了一定的年纪，就一定会失去他原本的体力和精力，也会失去进取心。

当然，对于正常人来说，没人想看到岁月刻在自己脸上的沧桑，谁都希望自己永远年轻，永远活力满满，健康强壮，最好拥有长生不老的能力，可是，想是一回事，做又是一回事。想要保持积极向上的精神状态，其实很简单，只要时刻保持自己的进取心就行，但大部分人并没有这样做，他们依然懒惰懈怠，慨叹时光易逝，青春不再，却不知道青春的真正意义是什么。当时间没有将他们打败的时候，他们就把自己打败了。

他们无可奈何地认为，有些事只有年轻人可以做，而只要上了一定的年纪，很多事做起来就都会有困难，殊不知，正是因为他们失去了进取心，才会导致自己越来越退化。如果他们可以唤醒进取心，就会惊奇地发现，只要我们积极努力，找对方向，无论年纪如何，我们都能抵达或接近心中的目标，也能完成很多本以为无法做到的事情。

所以，真正的衰老并不是身体上的，而是精神上的。当他失去进取心的时候，他就是真的衰老了。因为他失去了生命力，失去了对生活的兴趣，他变得对一切都漠不关心，对一切都无所谓。他已经忘了当初的那个自己是什么样子，也不想像年轻人一样怀着热情实现理想，更不想费力去完善自己，追求进步。

很多人之所以比其他人伟大，就是因为他们时刻保持进取心，直到生命的最后一刻。马歇尔·菲尔德和格莱斯顿都是如此，他们的身体虽然已经衰老，但他们的思想始终保持着活跃。他们一直怀着高度的进取心，严格要求自己，相信未来，相信希望。

大多数人却并不是这样，很多商人在老年时，不仅退出公司，不再经商，与之前的生意伙伴不再往来，也彻底地告别了原来的生活。这没什么不好，但是，与此同时，他们对自己以后的生活，也没有一个详尽的安排。这也就导致，他们脱离了原来的环境之后，变得无所事事，百无聊赖，并且不知道应该如何改善这种状况。在之前漫长的岁月中，他们似乎把自己的一切都投入到工作中，从来没有关注过其他方面，甚至从来没有关注过自己到底对什么感兴趣。因此，一旦从之前的生活里走出来，他们就会感到深深的迷茫和空虚。

人生需要目标，生活需要方向。如果没有目标，失去方向，一个人的生活也就只剩下生存。而进取心可以帮助我们树立目标，明确方向，可以激励我们，引领我们，让我们发挥出深藏在体内的潜力，拥有积极向上的心态和健康长寿的身体。

第六章　进取的价值

在生活中，碌碌无为的人随处可见，他们眼光狭隘，对自己的期望值很低，总是满足于做一些普通事，丝毫不想开创伟大的事业，事实上，他们的能力远不止于此，甚至比一些成功人士的能力还要高一些。他们之所以会变成这样，都是因为不具备强大的进取心，不能为自己设定一个高远的目标，并持之以恒地坚持下去。

人生于世，总要做一些不一样的尝试，努力做一个更了不起的人。这是米开朗琪罗用来鼓励拉斐尔的话，也是所有年轻人都应该铭记于心的忠告。生命远比你想像的更加灿烂，在你的期望以及努力下，它会变得更加宽广，更加深远。这就是进取心的魅力，它可以使我们抵御诱惑，完成目标，也能给未来打下坚固的基础。也正是因为有了进取心，人类才会不断改进自身，改造世界，使一切脱离混沌。

想要坚定意志，完成目标，没有什么比进取心更有效。它是最好的指引者，可以将我们带入更高的境界，让我们体验更纯粹的美好。

生命的存在是非凡的，充满价值的，每一个拥有生命的人都应该全力以赴地追寻这种价值，努力提高自己，合理利用时间，最终找到生命的真正意义，这是进取心的体现。林肯、爱迪生、特斯拉……所有伟大的人物，都拥有这种激情澎湃的进取心。在这种进取心的引导下，人们也许会体验到失败，却不可能最终失败，或者虽败犹荣。

当然，每个人的理想都不同，理想的确立受到很多因素的影响，其中既有文明环境的影响，也有本身条件的影响。但是，无论如何，理想都是值得崇敬的东西，它们的存在值得歌颂和推崇。可是，很多人尽管明白责任和理想的重要性，却从没有理想，也没有目标，在做一件事时，他们从来不会制定计划，只喜欢人云亦云，随波逐流，过一天算一天，他们不会考虑未来，也无心获得成功，关于事业，他们更没有概念，只想随便找个工作养活自己。他们从来不会考虑自己想干什么，适合干什么，也从来不想考虑这些问题。对他们来说，一切都无所谓。而且，他们还非常骄傲地宣称，光阴就是用来虚度的。

这样的人随处可见。也许他们才华横溢，受过良好的教育，身体状况也不错，但是他们很难取得成功，只能一生平庸，碌碌无为。因为他们从来不知道要争取什么，也不渴望成功。他们做什么都没有动力，因为他们根本不知道自己的兴趣在哪里，也不知道自己想要做什么。他们的能力始终埋藏着，也许永远都不会得到恰当的开发。这也就导致了，他们不想努力去做大事，也不屑安心地去做小事，结果什么事都做不了。

他们缺乏坚韧的品德、高远的目标、果断的态度和坚定的意志，更没有勇气去尝试，因为他们害怕失败。他们不敢去竞争，他们不思进取，只想混沌度日，实际上，也许，他们距离成功只有一步之遥，只要他们能及时发现自己身上的这些弱点并加以改正，人生很快就能迎来转机。

精神是物质的基础。不要觉得自己能力有限，要时刻关注自己的内心，如果你真的渴望一样东西，一定会不顾一切得到它。为了它，你一定会增强自己的能力，加快自己的反应速度，让自己的头脑变得更灵活，让自己的心变得更加细致。

当然，在积极进取的过程中，懂得集中精力也十分重要。每个人的精力都是有限的。你可以专注于一件事，努力把它做好，但你无法同时专注于许多事，并逼自己把它们全都做到极致。所以，当确立目标之后，不要犹豫不决，左顾右盼。今天想做这个，明天又想做那个，同时为自己留了不止一条退路。你必须明白，不是所有的欲望都可以转化为目标，也不是所有的目标都能成为最终的目标。通往成功的路上充满着选择和放弃，你会遇到很多事情，其中有些重要，有些没那么重要，有些根本不值一提。你必须考虑它们的价值，不遗余力地去追寻那些有价值的事情，放弃那些没有价值的事情，千万不要被那些无足轻重的事情牵扯进去，白白消耗自己的精力，错过那些能让你成功的重要机会。要知道，时间十分重要，就像运动员的食物一样。一个专业的运动员必须吃那些能增强自己身体素质的东西，而不是那些没有价值的东西。

只有确定目标，并始终坚定不移地前进，人生才会更有意义，你也才会更容易取得成就。当然，成就的大小始终取决于进取心和决断力。如果你想成功，就一定要培养这两方面的能力，尤其是进取心。它是推动我们前进的动力，也是通往成功路上的必备法宝。

我认识一位年轻人，她是个速记员。她对自己的现状不太满意，却不敢确定自己能不能做得更好，进而达到更高的层次，她对我说，如果她知道自己的努力一定会得到回报，她肯定会努力。可是，她并不敢保证这种情况一定会发生，所以她依然没有做出有效的行动。

这真的是一个非常普遍的想法。只是，或许大部分人都忘记了，未来是什么样子，没有人知道，你的努力能不能得到回报，也没有人知道。你当然可以以此为由拒绝努力，继续平庸下去，但是，如果连尝试都没有尝试过，你又凭什么做出结论呢？没错，努力不一定会有回报，但是不努力一定不会有回报。

行动，清醒而有效的行动，就算不会带给你切实有效的回报，也会带给你一些意想不到的惊喜，只要方向对了，行动就会更有效率。一味地计较得失只会错失良机，有犹豫的时间，不如行动起来，努力提升自己。

虽然不前进也不一定就代表着后退，可是，如果你真的不想成功，根本也不会考虑到底是前进还是后退了。所以，既然你想成功，就抛却那些毫无意义的想法，积极进取，努力去做吧。

第七章　没有最好，只有更好

成功是一种很宽泛的概念，它和行业无关，无论你做什么，都有可能获得成功。当然，前提是，你要拥有坚定不移的进取心，愿意完善自己，愿意去追求一些更高贵、美好的事物。奋勇争先，追求卓越，这些积极向上的品质永远像北极星一样引领人们进步，促使人们成功，催促人们不断创造一个又一个奇迹。

安德鲁·卡内基说："想要成为企业领袖，就要有雄心壮志，尤其对于年轻人来说。否则，我是不会帮助他们的。"作为普通员工，要敢于去竞争主管和总经理，无论你现在处于多高的位置，都应该把目光放在更高的地方。要敢于设想，努力拼搏，念念不忘，必有回响。

很多年轻人都怀疑自己到底能不能成功，是不是具备别人不具备的价值，他们总会问身边的人，问陌生人，问能问到的所有人，却始终忘了问他们自己。实际上，能不能成功，能不能实现价值，完全都是你自己的事。教育水平，家庭背景这些外界因素永远只是辅助，甚至连你本身的能力也只是辅助。如果你自己没有进取心，不想去追求，去争取，所有的辅助都没用。反之，如果你愿意追求，愿意争取，就算缺乏辅助，假以时日，你也一定会到达自己的目标。

很多人之所以失败，是因为态度过于消极和狭隘。他对未来没有期望，未来自然不会给他期望。同理，他对自己评价很低，自然会庸碌度日。敢于去做的前提是敢于去想。如果连想都不敢想，做也就更加无从谈起。不要怀疑自己，不要犹豫不决，未来就在前方，你只需要大步向前。在前进的路上，理想、目标、决心、坚韧就是一切。

人人都需要激励，但很多时候，外界并不一定能提供给我们合适的激励。为了能够保持旺盛的精力，继续前进，我们非常需要自我激励。毕竟，对普通人来说，几乎没有谁不想在社会中找到适合自己的位置，发挥出独一无二的价值，而只要想达到这种愿望，就必须自己激励自己。亚伯拉罕·林肯，罗伯特·皮里，本杰明·迪斯雷利都是这样，他们虽然出身于平凡的家庭，但他们非常明白自己的使命，也非常清楚自己该干什么。

在前进的过程中，我们需要这样一种力量。这力量很强大，它源于人心，是一种神奇有趣的本能。它使人们告别野蛮，走向文明，它使人们实现自我，超越自我，它使人类不断进步，社会不断发展。它就是进取心。

欲望，追求，努力，成功。在这条路上，无论如何，我们必将实现理想，但是先要忍受艰辛。这就需要进取心的支撑，也需要丰富的知识和良好的判断力作为辅助。如果既没有进取心，又无法很好地认识自己，更不能判断自己面对的境遇，也就无所谓成功和理想。

能够拥有进取心自然值得骄傲，可是，只有进取心却远远不够。无论你多么积极向上，迫不及待，在行动之前，都要好好思考一下，自己到底适合做什么。人和人是不同的，对有些人来说，有些事很简单，但是对于你来说，也许就是不可逾越的难题。对你来说简单的事，对他们来说，也许会很困难。谁都渴望成功，谁都希望能尽快成功，但是，在出发之前，一定要认清自己的能力，评估一下在那个领域成功的可能性，避免制定遥不可及的目标，透支自己的能力和心情。

"看看自己到底能在哪个领域更容易成功，好好分析一下。"朗费罗说。

每个人都有长处和短处，不要用自己的短处去和别人的长处比。你更应该做的，是认识到自己的能力，并合理利用它们，展现出属于你的独特光彩。

高贵的个性

第八章　进取激发坚韧

　　一个人之所以能取得成功，一定是因为多种因素的共同作用。不同的成功者有不同的秘诀，但是，他们身上的某些特质却是相同的。那就是不屈不挠的坚强意志。

　　我们也可以看到，总有一些人，他们意志薄弱，缺乏激情，对什么事都提不起兴趣，总是一副郁郁寡欢、无所事事的样子。这些人很少能取得成功，如果不去积极改善这种情况的话。

　　他们为什么会变成这样？因为他们的进取心受到了巨大的损伤。他们本来也有理想和目标，但是，随着时间的流逝，他们觉得那些理想和目标都是虚假的，不切实际的，不可能实现的。他们认为，现实无情地欺骗了他们，原来，他们拼命坚持的东西，对别人来说，竟然一文不值。他们的理想破灭了，目标塌陷了。他们觉得失落、焦虑、痛苦，无法在社会中找到合适的位置，更无法让自己与世界达成和解。

因为进取心出了严重的问题，他们的天性会被扭曲。他们会变得颓废、世俗、狭隘，同时又为自己变成这样而感到失望甚至绝望。他们长久地徘徊在苦难中，不得不眼看着自己的希望破灭，无法挽回，又什么都做不了。他们没有勇气结束这种痛苦的情况，因为他们还抱着一丝希望。于是他们只能走下去，虽然他们也不知道自己到底为什么还要走下去。

在批判那些一事无成的人之时，我们通常不吝言辞，却总是忘了去想他们为什么会一事无成。他们真的没有理想吗？当然不是。没有人会没有理想，他们之所以会变成那样，是因为他们的理想长期被压榨，被否定。既然如此，他们的进取心怎么还会存在？无论是谁遇到这样的境遇，都会憎恶生活，郁郁寡欢，终日与苦闷为伴。

但人们必须向前看，因为思维也有惯性。如果你一直不开心，心情不会在哪一天突然开心起来。所以，就算处境十分糟糕，也不要放弃自己，就算全世界都遗弃了你，你也不能放弃自己。你要做那些喜欢做的事，开心地生活，直到重新找到生命的价值。

要记住，你是独一无二的，是不可被取代的，如果没有你，这个世界就是不完整的。你是独立的人，高贵的人，社会没有忘记你，它始终为你留了一个位置，只是你还没有找到它。可是你终将找到它，也终将实现自己的价值，实现生命最终的意义。

生命不易，世界壮丽，未来有很多东西等着我们去探索，人生有很多目标等着我们去到达。但是，这不是进取心的最终目的。积极向上，不断进取，是为社会做更多有用的事，是不断提升自己，让自己也让世界变得更好。

第九章　行动起来

想要成功地实现自己的梦想，除了要具备强大的进取心，正确地确立详细的、具体的目标，把所有的精力都集中在一点上，更要用尽全力去行动。

只想不做，梦想永远都是空想。很多人把大部分精力花在幻想未来上，却不肯脚踏实地，一步一步去实践。如果只在原地做计划，不去迈出第一步，这个计划再完美，也不过是一个计划。就像设计师的图纸一样，如果没有工人去把它实现，它只不过是一张图纸。

有些人说，他们在等待时机，或者等待一个可以帮助自己的人，这简直是最难听的借口。能决定你最终命运的永远是你自己，不是任何外部因素。好运气从来不会从天而降。盲目的等待非但不会带给你任何帮助，反而会在最大程度上消耗你的体力，消磨你的意志，减弱你的生命力，摧毁你的创造力。

其实，在大部分年轻人身上，我们倒不难看见进取心，但是，他们身上大多也只有进取心。他们对未来充满希望和憧憬，却不去进行周密的计划，不愿离开幻想世界，不去考虑一下最基本的现实问题。

实干是通往成功的捷径。很多人有计划，有进取心，有激情，却依然没有成功，在很大程度上是因为他们没有及时采取行动，没有很好地开发自己身上的潜能。他们总是在顾虑、困惑，不敢尝试离开原地。更有甚者，还没有出发，就已经找好了很多退路。

每个人都有可能成为生活的强者，这并非痴人说梦。而你现在需要做的，就是尽快行动起来，不要害怕困难，不要疑虑不安，不要考虑那些以后也许根本不会发生的事。考虑那么多，对眼前的状况一点都没用。只有那些"思想上的巨人""行动上的侏儒"才会这样做。只有你自己才能打败你自己，如果你始终乐观向上，外界因素就无法向你施加任何负面影响。所以，你完全没必要觉得，外部因素会阻碍、扼杀你，会左右你的命运。你应该用自己的力量塑造自己，成就未来，你应该相信，你的身体里蕴藏着巨大的潜能，只要你愿意召唤它，它会随时伸出援手。

这种力量，它可以激发你的天赋，带领你提升自我，让你有能力做好任何事情，有信心承担重要责任，并且可以比大部分人都做得更好，只要你杜绝那些乱七八糟的想法，立刻采取行动。

我们无须做好一切准备后再出发，当然，必要的计划是要有的，但是没人会等你把所有的细节都准备好。这世界变化很快，没有人会等你犹豫不决，小心翼翼，只有当机立断，雷厉风行的人，才更有可能获得成功。

很多人都清楚，自己当下最应该做什么，但是，他们害怕失败，觉得时机还没有成熟，于是把这件事一直搁置下去，或者，他们可以接受失败，可是他们就是不想在今天做。于是，他们放弃了自己应该做的事，对它们视而不见，反而去做一些和目标无关的事，把更重要的事无限期地拖延下去。

这种任性的做法实在不应该出现在成年人身上。可是，那些一事无成的人，一直以来，他们总是那样随心所欲，想做什么就去做什么，不想做什么就不去做什么，一点都不考虑价值和后果，以及那些事对自己的重要性。实际上，摆在你面前，需要你解决的大多数事情，都需要你做出选择，而你之所以应该选择做这个，不应该选择做那个，不在于你喜不喜欢，而是在于它对你有没有好处。说到喜欢，在很大程度上，人们喜欢的东西都差不多，比如谁都喜欢安逸的生活，但是，不要忘了，安逸会轻易地杀死上进心，也会毁了一个本该光芒万丈的人。

至于什么是对你有好处的事，想要判断这个，也很简单。如果一件事能帮助你完善人格，发展自己，取得更大的成就，得到你想要得到的东西，就是对你有好处的。在这里，我们需要注意这样一点——那些对你有好处的事，并不一定会让你感到痛苦，或者很难完成。艰辛程度不是评判有好处或者没好处的标准，不是一件事越折磨你，就对你越有好处。

当然，我们不能否认，无论做什么事，在开始行动之前，一定需要一个美好的构想。这个构想，无论何时都不应忽略。它反映了我们的期待，体现了我们对未来的憧憬，也是指导我们前进的重要指标。如果没有这样的构想，现实根本无从谈起。但是，在构建这个梦想的同时，千万也不要忘记尽快行动起来，把梦想变为现实。

当一切顺利时，不要犹豫，大步向前，当不幸遭遇挫折时，不要灰心丧气，始终坚持理想，并致力于解决眼前的困难，这才是你应该做的事。

·第三篇·
节 俭

高贵的个性

第一章　通往成功的阶梯

人类创造了伟大的文明，在几乎所有文明中，节俭都是一种值得赞颂的美德。在很大程度上，节俭，也很有可能会影响一个民族的命运，历史上所有伟大的国家，无论国力多么强盛，都要遵循节俭的原则，否则必将走向衰亡。

以一度雄霸世界的罗马帝国为例，它建国时，十分崇尚节俭，也正因此，它从台伯河畔的一个不起眼的小城，扩张到横跨欧亚非三洲的大帝国，可是，当它变得强大后，它抛却节俭，开始崇尚奢侈，大肆铺张浪费，最终，没过多久，它就不得不迎接自己灭亡的命运。

德国的前身普鲁士也是这样，一开始，它只是欧洲北部的一个小国，国土窄小，物产也不是很丰富，但是，正是这种环境养成了当地居民骁勇好战的民族性格和勤俭节俭的品格。也正因此，普鲁士国王用节俭到堪称吝啬的手段集聚了巨额财富，供养着人数众多的军队，南征北战，创建了伟大的基业。

法国也是一样，在1870年战败后，正是因为民众的节俭和慷慨，法国才能用他们的存款在很短的时间内就付清了大宗的赔款。从这个角度说，节俭不仅能成就一个国家，也能拯救一个国家。

作为一种卓越不凡的品德，节俭对个人的意义同样重大。它不仅可以让你守住财富，也可以衍生出很多其他优秀品质。它能扩大你的价值，提升你的品性，提高你的能力。

既然节俭有这么多好处，我们当然要尽量节俭。但是，在这么做之前，我们首先要清楚这样一点——什么是节俭?

也许很多人都认为，节俭就是节省金钱，勤俭持家，但是，这不过是节俭一个很小的方面。节俭不止体现在物质上，更体现在思想和行动上。一个真正节俭的人，不止会明智地使用自己的金钱，更会明智地使用自己的时间、精力，以及除此之外的一切资源，最终成为自己命运的主宰。

在节俭的引导下，一个人可以更加认真地思考，随时随地控制自己，遏制那些不必要的欲望，勤奋地制定详尽的规则和计划，并用充沛的精力，一丝不苟地去执行。他绝不会浪费，更不会懒散地面对生活。他刻苦，诚实，独立，谨慎，十分明确自己的生活目标，是一个与众不同的人。

这是一种绝佳的生活状态，但是，想要达到这种状态，并不是一件困难的事。它不需要你勇气过人、智力超群或者具备特殊的本领，它只需要你控制住自己，让自己远离自私与享乐，并尽量削减自己的欲望，耐心地实现自我克制。

高贵的个性

第二章　节俭保障生活

赫伯特·斯宾塞有这样一种看法，文明人之所以比原始人进步，主要在于他们比原始人更有远见，为了不可预知的未来，他们更善于克制自己，储蓄资源，筹划未来，以应对各种可能发生的不测，让现在和未来的生活更有保障。

一个正常人在拥有一些财产后，就会期望拥有更多。因为是否拥有财产是衡量一个人是否独立自主的重要指标。只有在经济上获得一定程度独立，人们才会具备足够的安全感，更有信心地去工作，更有勇气地面对困难，也才会更少地受外部环境的制约。

当财产达到一定数量时，人们会开始衡量自己的欲望，少花甚至不花那些没必要花的钱，尽量把钱存起来，作为个人和家庭的储备资金，期待自己可以拥有舒适的晚年，也期盼家庭可以顺利地度过风雨。这是十分明智的行为。因为当意外真正来临时，哪怕只是一小笔存款，也可以在很大程度上帮助你拒绝不利的诱惑，坚持走自己的路，不至于走向堕落甚至灭亡。

怎样知道一个人的财产有多少？很简单，用你的赚钱数额减掉花钱数额，得到的数字就是你的净资产。

对于大部分人来说，财产确实是相当重要的生活保障。如果没有财产，一个幸福美满的家庭不可能被建立，人们也不可能享受到舒适安静的生活，甚至于，他们后代的未来不会有保障，他们的长辈也没办法安享晚年。而且，物质上的匮乏也会引起精神上的匮乏，而精神上的匮乏又必将加重物质上的匮乏。他们会时刻担忧自己的衣食来源，处于难以逃避的忧虑当中，他们生活得无比窘迫，既无法保障自己，也无法帮助亲人，更无法为国家贡献力量。

我曾认识一个年轻人，他才华横溢，能赚很多钱，却总是想都不想就全部花光，毫无存款。对此，他有着很充分的理由，他对自己的未来很有信心，他想象不到自己赚不到钱的那一天。但是，意外很快来临了。他妻子患了重病，如果得不到妥善的治疗，过不了多久就会死。为了挽救她，他必须请一位著名医生为她做手术。但是，要做这手术，他需要一大笔钱，他没有足够的钱，只好向别人借贷。幸运的是，没过多久，他借到了足够的钱，保住了妻子的性命，可是厄运并没有因此停止。手术后，他妻子需要疗养很长一段时间，这时候，他们的孩子又接二连三地生病了。在这种巨大的压力下，他变得越来越焦虑，身体和精神状况都很差，最终也生病了。在病痛的折磨下，他的收入再没有以前丰厚了。最后，他变得穷困潦倒，家庭也随之陷入了困境。

未来总是如此不可预测，我们不知道自己什么时候会生病，也无法预见自己会遇到什么变故，也许这些突如其来的意外会让我们措手不及，无处可依，甚至彻底摧毁我们。如果我们盲目乐观，只看眼前，不作长远打算，就会导致各种各样的困境层出不穷。这种情况，如果真的发生了，该是多么窘迫啊！

美国节俭协会主席曾经做过一次演讲，演讲的主题是"伟大的节俭"。在这场演讲中，他为我们展示了这样一些触目惊心的数据——"根据法庭的记录，最近几年，只有3%的男人在去世之后，留下了大于10000美元的财产，有15%的男人，他们的财产在2000到10000美元之间，剩下那82%的男人，死后根本没有留下任何财产。因此，只有18%的寡妇，在丈夫去世后，可以继续过着良好舒适的生活，有47%的寡妇，为了生活，不得不出去工作，剩下35%的寡妇则挣扎在贫困之中，一无所有。"

赚钱养家是每个男人的责任。他们当然可以自由地去做别的事，但前提是，他的收入在供养家庭之后，还足以支撑他去做那些事。身为男性，理应保护女性和孩子。因此，那些不去赚钱供养家庭的男人是失职的，那些想让亲人和自己一起去冒险的男人更应该感到羞愧。

男人应该承担风险，勇往直前，高瞻远瞩，尽量为家人创造安全的环境，这样，在发生变故时，才能将损失降到最小，也才能保证自己的家庭可以正常地运转。

存款像保险一样，专为意外而生。当不幸发生时，没有什么可以取代它的位置。如果轻视它，忽略它，总是脑子一热，冲动行事，抱着及时行乐的想法，试图花光手里所有的钱，当意外来临时，你一定就会章法大乱，尝到无法挽回的苦果。就算没有意外，你也会失去很多大好机会。很多时候，如果失去机会，也许就再也无法重来了。所以，手里留有一些余钱，适当地投资，买保险……理财总是重要的。机会通常只会留给有准备的人，在其他方面是这样，在金钱方面也是这样。如果手中总是缺钱，一定会错失很多机会，很多商业人士之所以没有抓住某些难得的机会，就是因为当时手中缺乏足够的现金，而机会不会留给没有准备的人。

我有一个朋友，他收入不菲，却从不存钱，自己的日子过得不宽裕，还总把钱借给别人。后来，贝尔电话发行股票，他本想购买，但因为手里没有多余的钱，最终错失良机，失去了后来成为富翁的机会。

节俭，时刻要节俭。在金钱方面是这样，在其他方面也是一样，如果不懂克制自己，节约时间，无论拥有如何优质的外部条件，一生也难有作为。但是，对于年轻人来说，想明白这些道理却并不容易。他们的生命朝气蓬勃，有大把的时间和金钱可以挥霍，不需要担心疾病和养老一类的问题。因此，他们通常挥金如土，不清楚金钱的价值。但是，谁都不能保证自己永远保持这种状态，事实上，当一个人消耗掉年富力强的时光以后，必将渐渐老去，也会遇到各种各样的困难。人们终将生病、濒死，或者面临其他棘手的麻烦。如果缺乏节俭的远见，在这种情况下，他会被彻底打倒，永远没有翻盘的机会。若是他恰好还需要供养一家人，事情就会变得更加糟糕。

　　财产不论多少，只要能有所结余，就值得夸赞。毕竟，在危急的情况下，也许只需要一点钱就可以帮你渡过难关。在大多数时间里，也许只是一千块钱，就能够决定你的命运。

　　有些人喜欢只看眼前，挖空心思地享乐，当危险来临时，便会束手无策，有些人却能未雨绸缪，懂得节俭和储蓄的重要性，时刻准备为自己和家庭消灾解难。他们属于不同的金钱观，也必将拥有不同的结局。

第三章　节俭赢得信赖

节俭，尽量的节俭。对年轻人来说是如此，对中年人来说更是如此。毕竟，很多人都认为，一个注重存钱，珍惜时间的年轻人总是值得信赖的，而如果一个人到了中年，手里还没有一点积蓄，生活一定不会十分舒坦。

节俭不仅可以保住你现有的财富，节俭本身也是一种财富，甚至，节俭也可以为你带来财富。人们总是更倾向于信任一个节俭而稳重的人。因为他们可以控制自己的欲望，合理地利用拥有的每一种资源。

尤其在和金钱有关的事务上，那些聪明的银行家、股票经纪人，甚至于最普通的人，他们借钱给另外的人之前，总会了解那个人的基本情况，特别是节俭程度，因为这关系到他的还款能力。

如果一个人一直有储蓄的习惯，并且勤奋工作，公正诚实，

自然会拥有不错的声誉，而这些声誉会提升他的信誉，使他总能比别人借到更多的钱。相反，如果一个人不善理财，沉迷赌博，轻浮耍滑，声誉自然不怎么样，信誉也会很差。于是，他向别人借钱时，人们自然不愿把钱借给他。

节俭，并且善于理财，就是如此重要。它能使人变得更受欢迎，更容易被支持，也更有可能达到不败之地。无论何时，合理的投资都值得提倡。哪怕你现在只是个无比平凡的小职员，随时积累财富也可以带给你很多益处。老板们很清楚，那些懂得克制自己的欲望，合理分配财富的员工，总会比别人拥有更多的财富和更多的优秀品质。

当然，这世上也有很多天才，他们很能赚钱，却从不存钱。这让他们看起来很风光，也很令人羡慕，但这不过是一时的荣光。长久来看，由于缺乏自制力、判断力和节俭的美德，他们的未来令人忧虑。

人们可以为了很多理由存钱。未来，他人，意外……都是存钱的理由。无论促使他们存钱的理由是什么，只要肯去存钱，就表明他很头脑明智，眼光长远。这样一个好公民自然会赢得大家的信任，而这种信任也会带给他更多的资金和更多的机会。有些人则不是这样。他们得过且过，挥霍浪费，从不存钱。对于他们来说，昨天花今天的钱，今天花明天的钱已经是不可动摇的习惯。这也直接导致了，无论他们赚了多少，钱总是不够花，最后不得不借债度日。

如果你赚的钱完全可以维持你的生活，那么，你最多应该花掉其中的一半钱，把剩下的一半存下来，这样下去，你的生活才有足够的保障。

我认识一个年轻人，很多年以来，他的工资都很高，但他从不存款。他不是不想存钱，只是，每当他想存钱时，却无钱可存。他觉得很奇怪，后来仔细一算才知道，原来，他必要的开销只占他全部支出的四分之一。其他的钱，都被他用在吃喝玩乐上了。

他觉得十分惊讶，并从此下定决心，计划把一半的财产存储到银行。这是十分明智的决定。因为大部分人在遇到这种情况时，都会告诉自己不着急，等手里有了足够的钱再存也不迟。实际上，在存钱方面，永远是嫌迟不嫌早，很多人之所以会如此倦怠，是因为没有强烈的动机。但是这个年轻人却不是。他始终抱着积极向上的心态，用了不到一年的时间，就积蓄了相当可观的财富。同时，他的快乐也没有减少，反而增加了许多，他不再放纵自己，沉迷享乐，而是把那些用于玩乐的时间和精力用到了读书和学习上，体会到了前所未有的愉悦。当看到成果后，他觉得非常高兴，又制订了新的计划。他想买套房子，或者做点生意。在盘算这些的时候，他的面貌变化非常大，这是所有人都有目共睹的事。没过多久，他就成了一个企业的合伙人，走上了更加成功的道路。

要成功，就一定要节俭。要节俭，就一定要理财。独立，动力，幸福，美满……当你开始理财，并立志过一种节俭的生活的时候，它们都会接踵而至，纷至沓来。

年轻时，为了努力工作，你可能会牺牲掉很多东西，包括时间和精力。没有人会永远保持年轻，当青春不再，你的脑子开始退化，身体也开始变得迟缓的时候，如果你没有存够养老金，你很难拥有幸福舒适的晚年生活。所以，最好还是不要拿自己的未来开玩笑，从现在开始，认真地考虑节俭吧，虽然一开始你有可能会不太习惯，但是，为了美好的将来，这些暂时的妥协又能算什么呢？

如果你真的决定开始节俭度日，最好制定一份周密的计划，根据自己的收入状况来确定每年应该存储的金额，也许这个数额会很小，但是，无论这个数额有多小，只要能一直坚持下去，让账户上的数额保持增长，你就会逐渐拥有一笔可观的积蓄，到时候，你会体验到别样的快乐和幸福。

天才毕竟是少数，作为普通人，我们无法一举成功，也不可能在短时间内攒下一大笔钱，但是，只要能日积月累，我们就终将拥有属于自己的美好未来。

第四章　节俭是谋生的手段之一

无论你多么有天分，懂得多少知识，受过多么良好的教育，只要你无法赚足养活自己的钱，就应该加倍努力。人们当然要追求一些更高的目标，一些更远大的理想，但是，人生在世，最基本的问题就是如何谋生，如何在赚钱和花钱之间找到一个很好的平衡点，并一直把控着它，不让它失控。

很多老人的经济状况之所以捉襟见肘，就是因为他们在年轻的时候没有掌握这门技能，不能很好地供养自己，尤其是老太太们。

在她们成长的年代里，人们对待女孩就像对待动物或者对待藤蔓植物一样，很少有人认为她们需要接受训练，或者需要独立地工作和生活。从小，她们就被告知，自己只需要做一件事，那就是找个男人结婚。没有结婚之前，她们由父亲供养，结婚后，她们由丈夫供养。在这种情况下，可想而知，几乎没有女孩会思

考她们为什么要结婚，或者她们身上具备什么特殊才能，她们能为国家，为世界做些什么。从来没人教她们怎么谋生，更没人教她们怎么理财，怎么平衡赚钱和花钱之间的关系，她们一天天长大，也许并不想结婚，但是，除了结婚，她们又完全没有别的事情可做。

现在的女孩就不一样。她们可选择的道路很多。她们当然可以什么都不做，只是结婚成家，由自己的丈夫供养，但是，这是出于完全自愿的情况下，而不是像以前那样被迫为之。同时，她们也可以出去工作，追寻自己的价值。国家和社会为广大女性提供了前所未有的机会，她们可以更加独立自主，尽情地展示才华和能力。

不过，在经济方面，很多妇女的处境依然不容乐观。有些妇女其实不想结婚，但是，为了生存，或者说，为了能更好地生活下去，她们必须结婚，因为她们没有别的路可选。她们普遍没有接受过专业的训练，或者接受的训练并不足以使她们能挣到足够养活自己的钱，从而变得独立起来。简而言之，她们无法靠自己生存下去。而且，如果丈夫出了意外，她们还养成了奢侈浪费的习惯的话，生活就难免一团糟。

如何改变这种状况？当然是让女孩们独立，拥有可以养活自己的能力。她们从来都不应该被当成男人的附属品，她们从来都具备很多特别的才能，也理应运用这些才能让生活变得更好。当然，有些女孩并不认为独立是件好事，反而觉得依附于男人是个不错的选择。这是个人喜好，我们无可厚非，但是，无论她们更喜欢哪种生活方式，都必须具备最基本的生存能力。

如何培养这种能力？自然是让她们像男孩一样接受教育和专业的训练，进而谋求自己的职业发展，而不是在时机还没成熟的时候，一股脑把她们推向社会，强迫她们自谋生路，对她们遭受的一切不闻不问。这种做法和让她们随便找个男人结婚没有什么区别，因为它们同样残酷。

我们不能否认，很多女孩其实和男孩一样，都愿意展现自己的能力，并以成功发挥自己的才能为骄傲。但是，她们一直都缺乏这种机会。很多有钱人家的女孩在父亲出了意外后，根本不能独立处理遗留问题，导致生活无以为继，很多妇女在丈夫出了意外后，也是一样。这些可怜的女人，只能听命于律师和那些心怀不轨的商人。因为她们从不了解商业，也不知道这个行业的运行规则。

这种情况极其普遍。事实上，不止那些女人，就连一部分男人，即使已经从大学里毕业了，也无法在商业领域里很好地保护自己。这是很荒唐的现象。学校的任务就是教育孩子解决实际问题，但是，很多孩子直到完全离开学校，也无法掌握这种技能。这真是学校的失责。

真正的经商天才和数学天才一样，都是凤毛麟角。我们当然不希望所有人都可以成为天才，但是，我们希望人们至少了解最基本的常识，在必要的时候，用这些常识去保护自己。如果大家都懂得常识，就不会被商业骗子欺诈了。

可是，很多人，尤其是女人，她们甚至不知道应该怎么开发

票，也不会处理期票、汇票或者账单，更不知道合同的重要性。我就见过这样一个女人。她带着一张支票去银行，工作人员让她在上面签上自己的名字，她确实照工作人员说的做了，但是，她同时又大声抱怨道："为什么非要写名字？我又不是第一次来银行，你们不是都已经认识我了吗？"

我们在前面已经提过，只有18%的妇女在丈夫死亡之后，可以靠遗产继续过着和之前一样的生活，多达47%的寡妇为了养活自己，必须出去工作，而剩下的35%的寡妇在失去丈夫以后，很快变得穷困潦倒，一贫如洗。这件事告诉我们，一个女人，不管有没有结婚，为了保护自己，养活自己，掌握自己的命运，都需要了解相关的商业常识。

节俭、理财、商业，就算在家庭生活中，也是相当重要的实践。一个女人，在结婚之后，就算丈夫一直健在，如果能掌握一些关于金钱的技能，对家庭也有很大的帮助。如果她并不知道怎么管理金钱，任性地挥霍家里的财产，无论丈夫赚多少钱，最终都会花光。对于一个家庭来说，如果失去了最基本的物质基础，矛盾也就难免产生，日子也就不可能平静。

前段时间，我遇到了一位夫人，她刚刚结婚，但她的丈夫收入有限，如果给她买了一件衣服，就没钱再给她配一顶帽子。直到这时，她才意识到，原来之前的那么多年，她都是一直在花父亲的钱。而且，她父亲很疼爱她，无论她想要什么东西，父亲都会满足她。这让她在充满爱的环境中长大，也让她失去了必要的金钱观。在婚前，她一直大手大脚地花钱，从不担心生活。直到最近，她才逐渐学会控制自己。这在之前从未有过。

在这个事例中，我们当然可以指责这位夫人对于金钱的态度，但她之所以会如此表现，和她父亲也脱不了关系。他并没有让自己的女儿了解到金钱的价值，进而明智地花钱，并养成良好的理财习惯。这种现象在社会上很常见，对于大部分女孩来说，也许一直到成年后，才有机会直接接触到与金钱相关的事务。在她们的早年时期，根本不需要为食物担忧，而衣服，通常由母亲决定样式，由父亲负责付账。一个正常的家庭可以提供给她很多东西，她们也习惯于依赖家庭，觉得自己根本不需要通过努力去赚钱，也不需要体会什么是节俭和理财，因此，她们不清楚金钱的价值，也不知道应该怎么花钱，也就很自然了。

然后，这些女孩脱离了原来的家庭，和一个男人组建了新的家庭，她们换了环境，却没有换了脑子，她们依然没有任何理财观念，不知道应该如何支配家庭的财富，再加上丈夫对她的喜欢，自然不会太限制她的欲望，对她听之任之，长此以往，这对年轻夫妇的财政状况自然堪忧。

有这样一个女人，小时候，她的父亲为了维持一家人的生活，对金钱把控十分严格，后来，她嫁给了一位大学教授。这位大学教授的薪水不是很高，但是，他们婚后不久，她就花光了他银行账户里的所有钱。在花钱时，她根本没有考虑那么多，当事情发生时，她才傻了眼，不敢对丈夫说实话，为了挽回局面，只好去典当了嫁妆里的一些首饰，没过多久，她丈夫发现了真相，十分吃惊和恼火，幸亏她态度好，两人才重归于好，但是，即便如此，两人也过了很长一段时间的拮据日子。

有些年轻人，不会有条理，有逻辑地管理财产。对于她们来说，学会理财就是成功的第一步。大多数人都理所当然地认为，如果一个人不能很好地管理自己的财产，肯定也不能管理好自己，更不用说别人。这样的人，无论在家庭里还是在公司里，都不会给人留下好印象。

无论从事体力劳动还是脑力劳动，无论投身于哪个行业，无论你工资多少，只要你不能很好地养活自己，始终都会处于劣势地位。节俭是一种古老的美德，并不是吝啬或者小气。作为一个独立的个体，为了生存，你必须努力工作，以赚到足够多的钱，为了更好地生活，你必须充分有效、精打细算、有条不紊地利用它们，并且时刻清醒地告诉自己，一定要有条理，有逻辑，不要轻易投资，以免上当受骗。

想要学会节俭，自力更生，存款是第一步。节俭是能够伴随一个人终身的财富。节俭地生活，能让你拥有越来越多的财富，也能让你的生活越来越美好。

第五章　理性的消费

每个人都应该掌握理财的技能，合理储蓄，杜绝毫无理智的消费行为，尤其是年轻人，更应该懂得量入为出。

"过分节俭令人变得吝啬，节约才是正确的花钱理念。"这是理智消费的核心所在。

就在几年前，报纸上曾经刊登过这样的新闻，有一位富人，他经过自己的努力赚了很多钱，但是，他不懂节制，很快就把自己辛苦赚来的钱挥霍掉了。以下就选自这则新闻：

"从匹兹堡来的弗兰克·福克斯先生进入英格兰大酒店后，先是用一张五十美元的钞票擦去了额头上的汗水，之后就把湿透的钱随手扔在地板上。接着，他又从口袋里掏出一叠钱，不知道具体金额是多少，也根本没有耐心去数，他直接把钱扔到吧台上，催促道：'快点，我现在就要一杯酒！否则，我就把整个酒店都买下来，让你立刻失业！'"

高贵的个性

按照这个富人的消费行为,他之后的命运可想而知。虽然,我对他过去如何辛苦赚钱的经历一无所知,但是,在他好不容易成为富人之后,却不懂得节俭,肆意挥霍,那么,我们就可以预见,这种富有将会昙花一现。

不知节俭为何物的人,就算是再富有,也会很快再次成为穷人。也有一些人突然一夜暴富,然而,他们缺乏头脑,最终却没能守住财富。

前段时间,我听过这样一件事,一位年轻人在继承了财富之后想要大干一笔,他认为自己在金融方面很有眼光,再加上突然拥有了巨额财产,就妄想自己很快就能够成为举足轻重的伟大金融家。他毫不犹豫地将所有钱用来投资有价证券,在这个过程中,他碰到了一位很狡猾的推销商,这个推销商很快就发现了他的弱点——盲目自信,还容易轻信别人的话。于是,推销商就故意设置了很多金融陷阱,等到年轻人发现自己被骗时,他的财富已经荡然无存。让人唏嘘的是,直到破产前夕,他还对自己的发财梦深信不疑,以为自己大赚了一笔。等到他身无分文的时候,才发现那些有价证券就如同废纸一样,他购买的那些证券任何有头脑的商人都不会轻易购买。

很多年轻人都有一个瑰丽无比的发财梦,他们拼命挣钱,除了保证生存所需,也是为了证明自己。在他们看来,自己越有钱,就证明能力越超群,那些穷光蛋都是无能之人。因此,他们努力工作,很想把所有赚来的钱都存起来,一点一滴积累财富。然而现实却是,很多信誓旦旦要存钱的人都经不住诱惑,还没开始储蓄就挥霍一空了。

曾经,有一位靠自己不懈努力成为百万富翁的人告诉我,在纽约,每一百个想要挣钱的人,没有一个人不是竹篮打水一场空。虽然,这样的说法有些夸张,但是,我们了解到的现实说明了类似的问题,的确有很多人挣到了钱,但只有很少的人拥有令人羡慕的存款,大多数人都无法抵制收入提升后与之相伴随的诱惑。

最典型的表现就是,一些很慷慨的人,一旦手里有了钱,就迫不及待地想要和别人分享这种喜悦,经常请人吃饭喝酒,花钱大手大脚,对这样的人来说,他们的钱挣得多,但花得更多。不可否认,这样的人都是很和善的人,他们从不斤斤计较,初衷都是好的,但是,好的初衷不等同于好的结果,花钱毫无节制会带给家庭很多负面影响,一旦钱财很快就挥霍殆尽,就无法为家庭提供长久的保障。这样的人,手中没钱的时候都会借钱给朋友,更何况他有很多钱,那么,不管任何人以任何的理由借钱,他都会毫不犹豫地伸出援手。

我就认识这样一位慷慨的人,要不是他有这样的缺点,早就积累了更多的财富。他有很多朋友,几乎每一个和他接触的人都很喜欢他。然而,他却不是一位称职的父亲和爱人,自己的生活过得十分拮据,更没有任何储蓄。他对朋友慷慨,却让家人跟着自己受罪。

英国小说家戈尔德·史密斯也有过类似遭遇,他说:"我从书本上得知,做人应当无私、慷慨,所以我在收入微薄的情况下仍

第三篇 节俭

旧坚持救济别人，没有原则的帮助，让我收获了很多人的感激。然而，我自己的生活却过得比谁都痛苦。生活的经验告诉我，在对别人大发慈悲的时候，要先审视自身条件，要有原则并节俭地生活。"不仅如此，他还把这些宝贵的经验教训告诉了更多的亲友，让他们引以为鉴。

一个普通人有钱之后，不仅会把节俭抛诸脑后，还会丢掉简朴这一可贵的品质。一旦挣到了很多钱，首先想到的是大肆挥霍，而不是谨慎理财。

储蓄是一种消费艺术，明智的人会合理安排自己的收入，知道哪些钱必须要花，而哪些钱是不必要的支出。

很多人有钱之后会效仿别人买车。我不否认，拥有了汽车，做很多事情都会更便捷一些，还会给枯燥的生活带来很多意想不到的新变化。此外，对于那些从来没钱买车的人来说，能够拥有一辆新车，是一件很开心的事情。可是，很多人都会将眼光放在更加昂贵的消费上面，却忽略了一些细节，比如为自己家添置一个浴缸，让家人随时可以洗热水澡，因为洗澡可以增进健康、缓解疲劳和延长寿命。这是一件和买汽车同等重要的事情。

消费的重中之重是物有所值。把金钱和时间花在更具有持久影响力的事情上，会使我们睿智、大气、快乐。更多时候，与其花钱在外在物质上面，不如认真投资自己。很多人都徒有其表，衣着华贵但却毫无见识，这样的人很难被人敬重。人更应该关注的是自我的修养，拥有良好的头脑和性情，把钱和精力花在更有意义的事情上面，一定会收获更多。

在有价值的事情上投资，才能够受益匪浅，也是一种更加积极的生活方式，它能够帮助你发现自身价值，感受更长久的幸福。

有的人收入有限，却喜欢和别人攀比，盲目跟风，导致自己在真正用钱的时候捉襟见肘。有一位女士，曾经风光无限，如今穷困潦倒，因为她从来没有金钱概念，有钱的时候肆意挥霍，直到她有一天想要出门购买食物，却发现自己没有一件像样的衣服，面对喜欢的美食也只能嗟叹。好在很多和这位女士类似的人，变得越来越有判断力，不再花钱如流水。也有很多曾经生活不如意的人变得更加独立，做到了明智消费。

"不必要的支出，一分钱也不能花。"记住这句充满智慧的名言。

高贵的个性

第六章　徒有其表

如果我们能够把更多的时间和精力放在充实自我、提高内在修养上，而不仅仅关注外在，粉饰虚荣。那么，我们的前途会更加光明坦荡。

很多人对待和自己有关的事情非常尽心和诚恳，可是一进入社会，他们就变得敷衍了事、油嘴滑舌，只为博得一个好名声。我们在城市中或许见过这样的景象：很多房子贴着棕色的瓷砖，外表十分美观，但是一进去就会发现，到处都是破烂陈旧的砖头，我们把它称作"徒有其表"。

很多人都会选择把窗户装上质量极好的玻璃板，将最昂贵的家具放在屋内最引人注目的地方，而那些不堪入目、陈旧落后、便宜低廉的物品则统统藏起来，放在最不易察觉的地方。这样的做法就和上文中提到的房子一样，说明了一个很普遍的问题——我们只习惯将最好的一面展示给别人，把自己伪装得很完美，时间一长，就很难记起那个真实的自己是什么模样。

这样的生活无疑是虚伪的。我们应当给人留下的是这样的印象：自己不是那种自作聪明的人，不会愚蠢到去搬石头砸自己的脚。

纽约曾发生过这样的事情，一个爱慕虚荣的女人非常想拥有极高的社会地位，并幻想只要让自己的女儿顺利进入上流社会，她的愿望就能实现。为了帮助女儿打通进入上流社会的渠道，她将手中为数不多的钱财都用来购买超过自身承受范围的昂贵衣物，以为女儿只要穿上华丽的礼服，就能和那些家财万贯的小姐们一样光彩照人。她还想尽一切办法让女儿参加费用奇高的娱乐表演，尽管这令她们负债累累……她耗尽所有的财产，连女儿也变得一样虚荣起来，渴望找个有钱的丈夫。然而现实却是，没过多久，她们就宣告破产了，女儿的幻想也破灭了，她们不仅没有成功进入上流社会，连仅有的房子也失去了。试想，如果一开始这位母亲没有采取不切实际的做法，妄图用微薄的财力进入和她们收入根本不相称的上流社会，虽然她和女儿收入有限，但也可以过上比较舒服的日子，也不至于最后负债累累，连之前的生活水平也无法维计。

通常情况下，生活水平不太高的母亲们，大多数都不惜通过各种手段，让女儿和有钱人结婚。但却很少会意识到，在这样的价值导向下，女儿会对自己先天的出身非常不满，逐渐嫌弃物质方面比较匮乏的家，那似乎是一种怎么也摆脱不掉的耻辱，变得无比虚荣起来。而那些母亲们很少会考虑到这些，只会一味地迎合女儿，以至于会毁掉她们将来的婚姻生活——当女儿成为家庭主妇时，会变得挥霍无度，自私自利，总是将抱怨挂在嘴边。

盲目追求外表的光鲜给很多家庭带来不幸与悲哀，如果不是严重的虚荣心和妒忌心在作祟，她们的生活也不会有如此下场。那些经济条件本来就不怎么好的人，还坐拥剧场包厢以及豪华席位。和他们相比而言，一些因为手头拮据购买站票的妇女，就没有那么多心酸和无奈。虽然这些女人连剧院里最便宜的座位也买不起，只能站在最后排，但她们很会享受生活，享受观看的剧目本身，回到家中还会觉得很有收获，心情愉悦。然而，有些女性即使坐在最昂贵的包厢中，也很难开心起来。

你愿意穿着普通，坐着电车前往剧院，然后坐在普通席位上，尽情地享受剧目呢，还是会大张旗鼓地出行，衣着奢华，坐在最考究的包厢中愁容满面，整个晚上都在担心该如何维系明天的排场呢？

只追求外在的奢华，而忽略自身实际条件，有多少人连饭都吃不饱，节衣缩食，却在社交场上为了所谓的面子而挥金如土。这样的人数不胜数，即使在今天，也不胜枚举。

要知道，将粉饰自己的时间和精力放在提升自我修养上，让内在品质得到升华，取得的进步是难以估量的。

为什么不能鼓起勇气为自己的喜好而生活，选择去过一种真诚、真实的生活？而不是被别人的看法所捆绑，迎合他人的需求。其实，越是富有的人，就越在乎人格的独立性。

很多人都在疲于奔命，超负荷地工作。他们总是过分在意别人的眼光，拼命过得比别人好，不惜以性命做赌注，拼命透支自己。

在我看来，具备这种思维方式的人，很少能够拥有幸福的人生。他们喜欢追求不切合实际的生活方式，打肿脸充胖子，并以此为傲。逐渐地，这类人开始对自己贫穷的家庭深感不满。在他们看来，为什么自己不能过奢侈的生活，贫穷就像是一道挥之不去的伤疤，努力工作才可耻，那说明了自己属于物质严重匮乏的人群，需要不停工作才能够维持生活，这是一件很不光彩的事情。

实际上，任何成功的事业，都和肆意挥霍的恶习背道而驰，却和勤俭节俭的品质紧密相关。事业成功的人，也并非都如人们想象的那样挥金如土，他们追求自我个性，也会充分利用每一分钱，面对金钱，更多是收放自如的从容以及恰到好处的掌控。

真正的生活需求，并没有想象中那么庞杂，只需要通过合理的工作安排，花不多的时间和金钱就可以保证正常生活水平。但是，如果总是在意别人怎么看，那么，很多需求就变成了欲壑难填，那几乎会榨干一个人的所有精力，直到最后威胁生命健康，过早地衰老以及非正常死亡。

所以，过分在意他人眼光是一件非常可怕的事情，如果总是活在别人的眼光中，那又是一件多么疲惫的事情。而那些真正明确自己想要的是什么，并且坚持真我的人，才能接近生活的本质。

很多人会把薪水用来博取他人好感，而在衣食住行方面真正需要用钱改善的时候，对自己又是那么苛刻，即便他们的窗帘装饰价值连城，身后却是满屋子的破烂不堪。他们总是被别人的眼光掣肘，无法按照自己的意愿生活。

太多的人为了迎合别人的目光，而活得矫揉造作，不能量力而行，费尽心机也要把"最好的一面"展示出来，尽管这从来都维持不了多久。一定要把某些衣物扔掉，不是它们无法穿着，而是有些人有看法——居然还有很多人穿那样的衣服。一想到在现代社会里，还有人如此被人牵着鼻子走，真是非常不可理喻。

如果每个人都过着虚伪的生活，拆东墙补西墙，甚至为了外在的面子铤而走险，这个社会就相当病态了。

某位知名作家曾说："如今，一些富人的生活的确奢靡，而那些虚荣心强的人根本无视自己的实际条件，也要跟风效仿。无法根据自己的能力做出判断，只是盲目投机，最后只有破产这一条路可走。社会的进步和商业环境的改善，都需要人们具备量入为出的生活态度和高尚的道德水平。"

为何不过一种简单随性的生活，将虚伪抛之脑后呢？爱慕虚荣只能让你变得更加浅薄无知，徒有其表，过着自欺欺人的生活，最后只剩下满腹抱怨。

对于那些不在自己承受能力范畴内的东西，要勇于拒绝。那些沉迷于自我欺骗的人，终会得到惩罚！

第七章　拒绝攀比

如果自身心态端正，就不会担心被别人牵着鼻子走，从而徒增烦恼。否则就只能说明，你的内心还不够强大，仍贪恋虚荣。

前段时间，听到一个并不富裕的纽约商人说："我无法忍受坐在最后面，只要前面有位置，用什么办法，花多少钱都无所谓。"他还强调，根据自己的收入，根本无法拥有一辆汽车，但他最终还是买了，原因是周围人都有车。其实，根据他的实际情况，没有人会赞成他买车，但他心中是这么想的，孩子们会因为父亲买不起车而感到丢脸。为此，这个商人四处借钱，然后为了还债，不得不在接下来几年里更加拼命地工作。

在纽约和其他大城市中，和这个商人际遇类似的人不在少数，他们羡慕有钱人的生活，但实际条件非常有限，为了面子只能拼命工作，生活却过得一塌糊涂。我不得不相信，在大城市里，攀比心造成的后果如此严重。

高贵的个性

很多人都粗浅地认为,自己没有别人拥有的东西,是非常丢脸的事情。别人有汽车,他们也必须有,买不起也要买。在比较闭塞的环境中成长起来的女孩子,总是在意朋友穿了漂亮的衣服,自己也要拥有,而从来都没有认识到,她们的朋友是多么富裕。一些年轻人甚至认为,如果自己的衣服不如别人漂亮,车子也没有别人好,他们宁可待在家中,也不要出去丢人现眼。

一个周薪只有二十美元的年轻人曾跟我说,他为了请一位姑娘看歌剧、吃夜宵,一次就花费了十五美元。还有一个周薪八美元的小伙子称,自己经常用将近一半的薪水来请某位姑娘看戏,因为那位姑娘的朋友都去看戏,小伙子也觉得自己应当为姑娘提供这样的待遇。类似的例子不胜枚举,我们总能看到,一个收入不高的人为了效仿富人的生活而追求奢华。

很多人为了这种虚荣的效仿受尽苦头,以至于必须将所有时间用来拼命工作,没有闲暇时间交际,更无法真正地享受快乐的生活状态。

我认识一位母亲,她本身经济能力有限,好在对自己没有过分的欲望,也不觉得贫穷是一件多么丢人的事情。但是,她却无法容忍女儿和自己一样穷困,为此,她常常感到羞愧、伤心至极。她总是感慨,为什么别的女孩子拥有的东西自己女儿没有,别的女孩子不管走到哪里,身边总有佣人相伴,出入都有豪车接送,而她可怜的女儿却只能步行,或者搭乘电车。

她说,她的女儿漂亮出众,却只能穿一般的衣服,戴廉价的首饰,而那些不如她女儿美丽的女孩子却可以随意穿戴奢侈品,每每想到这里,她都伤心欲绝。她只能抱怨,社会真的是很不公平,她美若天仙的女儿本应过得更好,被金钱、仆人簇拥着,衣食无忧,而不是像现在这样每天坐在办公室里辛苦工作。

这位母亲还总是在女儿面前不停唠叨、抱怨,时间久了,她教会了女儿鄙视自己低微的出身和恶劣的环境。女儿开始对自己的处境变得不满,她对拥有的东西不以为然,如同她母亲一样,用自己的短处和富人们的长处进行盲目对比。这位小姐一点儿也没有同龄人乐观的天性,她总是对周围的人和事冷嘲热讽,不管拥有了什么东西,她都愁眉不展,因为它们是那么的廉价,无法和自己相配,在她眼中,帽子是"不体面的便宜货","看着就恶心"。这位母亲还总是教唆女儿,不管一个小伙子自身多么勤奋,只要没有钱,无法为妻子提供奢华的生活,从一开始就不能和他来往,只有想尽办法嫁给有钱人,带来很多物质财富,才能改变自己当下的生活处境。当这位母亲努力为女儿物色富有的丈夫时,我很怀疑,她究竟有没有关心过那些有钱人的性格和品质,以及是否能给自己女儿带来真正幸福快乐的生活。

其实,快乐是一个人的内在心理体验,是一种生活态度。在一个充斥着嫉妒的复杂环境中,人们很难获得幸福。如果你的心态正确,别人不管说什么、做什么都无法撼动你的意志力,破坏你原有的快乐。否则,就只能说明,你多少还是爱慕虚荣,内心不够强大。

自私的欲望因为不断地满足而愈发膨胀,因为"欲望是无止境的"。生活态度一旦出现问题,就只能在原本贫苦拮据的生活里遭受更多折磨，人们一旦被嫉妒、愚蠢的欲望支配着，就很难再感受到快乐，也会将幸福拒之门外。

我们缺少的，不是舒适的生活、无尽的财富，而是正确的、明智的、合乎实际的评价标准。

很多人喜欢察言观色、阿谀奉承，却不知道这么做牺牲了最宝贵的快乐。一个怀有嫉妒心的人，很难享受生活的快乐，因为他们并不珍惜发生在身边的趣事，而是将所有注意力用于嫉妒他人，从而错失了生活中的众多乐趣。

我们为什么不庆幸自己拥有了汽车可以代步，反而去羡慕他人的汽车多么奢华？为什么无法享受自己家庭的快乐而去过多关注邻居如何富有？乡村漫步和小河泛舟同样很有趣，而那些开着豪车、坐拥豪华游艇的人，为了欢娱所付出的代价和牺牲，也许常人难以想象和承受。

塞缪尔·斯麦尔说过："很多人只是嫉妒富人所拥有的财产，而并不愿意通过承担风险和辛勤工作来获取同量的财富。"一位在旦泽的公爵向我讲述了一个这样的故事，就很好地印证了这一点。

一天，多年没有见面的老友去拜访公爵，惊诧于公爵豪华的住所、奢侈的家具和漂亮的花园。公爵看到了老友羡慕的神情，直截了当地说：

"想要拥有眼前的一切，需要满足一个条件。"

"需要做什么？"老友迫切地问。

"很简单，站在一百步内的地方，让我用滑膛枪朝你射击一百次。"

"你是在开玩笑吗？我怎么会做如此愚蠢的事情？"

"不是玩笑，"公爵淡然地说："拥有这一切的我，早就遭受了一千次炮火的袭击，大多时候，那些炮火距离我不到十步。"

在纽约，一位法官审问一个被捕的女孩，问她为何走上犯罪这条道路，她给出的原因很简单："如果不这么做，我就无法穿得和其他女孩一样好看。"

而同样生活在纽约，另一个女人对自己每年在服装上几十万美元的花销洋洋自得，她很多衣服单价都在一千美元以上，一双鞋最少也要五百美元，鞋子是私人订制的，进口皮面，还要染上和衣服相配的颜色。她觉得自己的奢侈行为促进了经济发展，无形中为很多人提供了就业岗位。可是，很多经济条件差的女孩子，只会盲目地效仿她的行为，渴望过着同样奢侈的生活，而实际上根本无法承受巨额的消费，不得不超负荷工作来勉强应对。一些富人的不良习性，也成为虚荣感强烈之人争相效仿的榜样，当发现自己无力承受时，巨大的生活落差使他们成天闷闷不乐，以至于走向堕落的深渊。

第八章　厉行节俭的必要性

节俭能够为人们理想中的家园铺就第一块基石。如果你是一个积极向上的年轻人,节俭能够帮你更快地打造属于自己的梦想家园。

渴望拥有一个完全属于自己的家,是年轻人普遍的愿望,也是他们在甜蜜的睡梦中发出的热切呼唤。然而现实却是,当他们开始圆梦时,不得不失望地发现,想要达成这个心愿困难重重。

年轻人的薪水还比较微薄,没有很强的经济基础,却往往挥霍无度。尤其是在谈情说爱时,满腔热情,动辄就给情人送昂贵的糖果,即便是在严寒的冬日,也要送上最美的鲜花,礼物总是越贵重越好,花钱方面基本没有概念,去剧院时,不愿意搭乘公车,偏要花费更多雇佣汽车。所有这一切花费,令年轻人手中所剩无几,何谈去拥有一个属于自己的家庭,一个小伙子还没有步入正常的婚姻生活,就给未婚妻留下了坏印象。而一个聪明的女孩子，并不会因为昂贵的礼物和高消费的娱乐活动而对你刮目相看，相反，她还会瞧不起你，尤其当她知道你捉襟见肘、难以支付时，你在她眼中的印象就是经济欠佳，没有良好的理财能力。

我总是听到女孩子们这么说，当她们意识到男朋友根本没有那么多钱，却还在她们身上进行巨额消费时，心中感到很不是滋味。很多年前，我接触到一个年轻人，他的周薪在十二美元左右，但为了心爱的姑娘，总是不惜重金购买很昂贵的玫瑰花，而为了省出买花的钱，他只能常常不吃午饭。当爱人出门在外时，他会提前订购爱人所在地的鲜花，让服务员替他将鲜花送到爱人住的地方。尽管他花费了很多金钱，还是没有赢得姑娘的心，因为姑娘发现了他的捉襟见肘。为了获取姑娘的爱，年轻人经常入不敷出，连自己生活都很艰难，姑娘认为他不是个能够托付终身的理想伴侣，对他彻底失去了信心，最终拒绝了求婚。

很多人都会轻易沉溺在花钱带来的快感中，如果一个年轻人的自制力不够高，就很难控制住消费的冲动，储蓄对他们来说几乎是一件不可能完成的任务。尤其是在大城市，能够引导年轻人消费的场所和方式太多，奢华的夜生活、吸烟喝酒等不良嗜好，都在一点一点消耗他们手中的钱财，在这种环境里更难培养起储蓄的习惯。所以，最开始积累的几千元非常重要，它可以奠定一个人走向成功和幸福生活的基石。

如果你真的非常看重自己的梦想，就必须学会克制，冷静对待各种欲望，学会节俭，每周从薪水中抽出一部分钱，将它单独存起来。

一开始存钱的数额很小,但是这个轻而易举的行为所产生的激励效应不容小觑,它往往成为追求更好的生活以及构建属于自己理想家园最为持久的推动力,能够让我们变得更加自信和勇敢,更好地规划未来。

学会在节俭和支配金钱中寻找平衡点,是一门伟大的艺术,这样既可以保证生活质量,又不至于对自己和他人过于吝啬。在日常生活中,一般人倾向于肆意消费和挥霍,但你要记住的是,越是收入有限,越要量入为出,避免出现财政赤字。

近日,我听一位年轻人用"丰厚"二字来形容自己的薪资水平,实际上却没有一分钱积蓄,一周的前几天还比较好过,临近周末就开始欠账,需要靠借钱度日。这样对自己收入没有规划的人,无法在短期内拥有自己的住宅,更谈不上事业有成。

大多数人都深信自己有着过人的供养能力,却忽略了一些客观因素,例如疾病、突如其来的变故就能轻易地令生活和事业陷入低谷,而无法控制的战争、灾祸更能带来不可估量的损失。现今那些无家可归的贫困老人,正当壮年时也没有存款的意识,如果他们年轻时能够将眼光放得长远一些,也能拥有美满的家庭,过上安稳幸福的生活。这样的人并不少,他们精神上过早地进入了衰亡阶段,举债度日,为了赎回抵押的物品而过着卑躬屈膝的生活,然后将赎回的物品继续抵押,陷入恶性循环。这些本可以生活安乐的人,但凡年轻时能够有所节制,年老时也不至如此。

越来越多的人面临中年、老年危机,没有多余钱财可以支配,无家可归,三餐不继,处境非常可怜。为人父母常常为此遭受责备，因为他们在孩子年幼时没有教授他们基本的生活原则，没有帮助他们养成节俭的习惯。

当一个人对花钱丧失了概念，他也会陷入自我怀疑中，因为他的理性还没有完全丧失，明白存钱的重要性。他们最终会幡然醒悟，后悔当初所做的一切，如果用那些挥霍掉的钱财来买房或是创业，完全可以拥有一个安身之处，保证自由独立的生活。

我们在生活中也经常看到这样的人，单从他们的行为来看，你就可以断定他们很难有出人头地的那一天。因为他们被欲望控制，崇尚及时行乐，从不压抑自己的任何需求，为了得到想要的，欠下债款也无所谓。这些人更渴望得过且过，不愿意为将来的幸福做哪怕一丁点儿牺牲。

其实，维持最基本的生活并不需要多么高的成本，反而刻意追求高消费令一些人误入歧途，最终一事无成，前功尽弃。

节俭并不等同于吝啬、抠门，而是持家有道，明智理财。一个目光长远的妻子，即使在丈夫薪水不高的情况下，仍旧能够保证家庭的良好生活水平，并有一定的积蓄应对各种突发事故，这样一来，用不了多久，这家人便能积攒数额可观的财产。

人们总是批判美国家庭主妇铺张浪费，也不止一次指出，法国主妇可以用美国主妇浪费掉的食材养活一家人。几年前，著名经济学家爱德华·阿特金森指出，在美国，只因为做不好饭菜而浪费的食物价值就高达十亿美元，其他方面的浪费更是惊人，并且在快速增长。

相比一些穷人，富人更知道节俭，虽然这个结果令很多穷人感到震惊，然而，事实的确如此。例如，美国贫穷家庭的妇女在食物方面很少懂得节俭，而不像法国妇女，懂得购买不是很昂贵的肉，通过精湛的厨艺将普通食材做得比昂贵食材还要美味可口，富有营养。同样的，在其他生活细节方面，美国妇女也很少节俭度日。

美国参战以后，在外挣钱的丈夫和在内持家的妻子都开始学习、积累节俭的经验。政府不仅在华盛顿的军方后勤部门提倡节俭，更是在全国范围内表明了节俭的必要性，对各阶层人民进行教导，将节俭贯穿到日常生活中，给家庭主妇们提供更加便宜、更有营养的菜单，鼓励她们发挥头脑进行废物利用。主妇们也正在学习怎样对食物价值进行正确估量，如何花最少的钱做出尽可能美味营养的食物。

有人还提出建议，不管身处哪个阶层，妇女们都应当节约食品，珍惜每一块肉、每一片面包，当旧衣服还有用武之地时，就无须购买新衣物。这样的节俭是史无前例的，历史上也没有像这样强调节俭的必要性，因为国家的当务之急是厉行节俭、积累物资！

第九章　节俭的智慧

"吝啬播种的人也无法收获丰厚的果实。"这个道理适用于农民，也同样适用于商人。节俭并不是简单粗暴地消减花费，而是合理规划，控制不必要的支出，将省下来的金钱用于更好的投资中。

许多人都提倡节俭，与此同时，也有很多人反对盲目的节省。

所罗门曾说："普种广收。"还有很多人们习以为常的谚语——"有投资才有回报""省了一分油钱，毁了一艘巨轮"，都揭示了不恰当的节俭是有害无益的。

很多人以时间为代价，只是为了节省一些不起眼的东西。曾经有个老板，为了节省成本，要求员工必须想尽办法节省包装绳，即便这要消耗员工双倍的时间去包装，而原本这些时间可以去处理更多有价值的事情。不仅如此，这位老板还要求大家必须省电，为了达到他的标准，店员只能开一小部分的灯，这令很多客人感到店内异常昏暗，购物体验非常不好，时间久了，老板的生意越来越差。而他可能并不知道，明亮的灯光看起来耗费不小，但能够带来更多的收益，很显然，这位老板的做法会导致因小失大。

很多人都执拗于细小的节约，结果耽误了获取更多收益的可能，他们为了眼前一点点利益而将节省发挥到极致，却从没有意识到自己这么做是捡了芝麻，丢了西瓜。

无节制的节约会阻碍人们心智的发展和能力的提升，而这些恰恰是成就一个人事业和财产的关键所在。我们应该花费时间和精力去思考如何提升自己的能力和水平，这会最大限度地激发一个人的潜在能力，朝着更加健康的方向发展，从而感受到更多的快乐，而不是过分节俭带来的愁苦与恶性循环。

因此，在这个层面上，年轻人应该树立的是正确的节俭观念，纠正错误狭隘的理财观念，合理分配财产，进行理智的投资和消费。

有一个人想建造新房子，但是在拆除旧房子时将地基保留了下来。在他看来，这样可以将省下来的钱再多盖两层新房。没过多久，新房子建成了，但是旧地基的承受能力十分有限，整个房子看上去非常不牢固，结果就是人还没有入住，房子就坍塌了。其实现实生活中，这样的人比比皆是，他们有一个共同点，就是将费用省在了不该省的地方，还为此洋洋自得，不知道为以后的生活埋下了多么难以估量的隐患！

曾经有段时间，一些年轻人不愿意在个人教育上投资太多，觉得自己就算读了很多书，也未必就能找到一个可以赚很多钱的职业。因此，这些年轻人在接受教育的时候，就表现出一种无所谓的态度，遇到难题也置之不理，只挑容易的来，无视规则，把考试作弊当作很得意的事情，动不动就逃学。还有一些年轻人宁愿为了娱乐大肆消费，而不愿为了提升素养多花一分钱。这些人走向工作岗位后，多半对工作也非常敷衍，因为缺乏必要的知识与能力，往往在竞争中处于劣势，事业止步不前。很多人最后走向失败，都是因为在打基础的时候没有用心对待。

　　有这样一个典型的案例，这个人在别人读书时就已经开始从事经商，但却总是郁郁不得志。因为年轻时的他认为，把那么多时间和精力放在接受教育这种总看不见收益的事情上，真是非常愚蠢。于是，他中途退学，开始闯荡商场。可是，做生意并非容易之事，他的很多竞争对手都受过良好的教育，见识宽广，相比之下，这个人基础不牢固，知识有限，能力也跟不上，在竞争中总是处于劣势。令他做梦也没有想到的是，那些他曾经果断抛弃的东西，里面竟然暗藏着通向成功和幸福的秘诀。在以后的日子里，这个人不得不重拾当初落下的一切，花费更多的时间和精力去完善自己的基础，去艰难地学习年轻时非常容易学到却没有学好的课程。即便如此，效果也并不明显，而他的职业需要非常专业扎实的训练，这也导致他一生中必将面临很多不可避免的失败。

　　如果当初他能够打牢基础，为将来的职业做好起码的准备，

在以后的日子里，他就不用花费更多的精力去克服不足，结果还事倍功半。他本可能成为一个有影响力的人物，但现实却是，能力提升困难，事业陷入僵局，生活都非常拮据。

而在我们的社会里，竟然还有很多短视的父母，为了眼前的节省，缩减孩子们的教育支出，剥夺他们上大学的权力，取而代之的是早早出去工作，增加家庭收入。还有一些人，为了省钱几乎关闭了社交圈，从不主动联络朋友，为了节省社交支出，会找各种借口不去拜访朋友，也不会空出时间来招待客人。这些人拼命工作，连假期都省了，直到超负荷的工作令身体吃不消时才被迫休假，一些身体关键部位也出现了严重的病症，为了健康而不得不花费的金钱远远多于疲于奔命赚来的。

很多人生活在对未来生活的担忧和恐惧中，而忽略了享受现在。他们习惯克制欲望，惯于打着买不起的幌子；他们虽然生活在当下，却渴望明天或者是遥不可及的将来可以去享受生活。如果他们有机会去休个假，或者旅游，就好像那几天少挣了很多钱，对他们来说是一种莫大的损失。这些人连花一分钱都觉得难受，虽然那是生活的必要支出。

有一个商人，在一战爆发前去过很多地方游览历史古迹。但是他非常抠门，但凡是需要花门票观赏的，他一概不进去。比如，有很多历史名人居住过的地方，在当地，那些名人故居是大家争相拜访之地，也是去那个国家旅游的人们必去之处，但是这个商人从来没有进去过，就是为了节省门票钱，他觉得自己在建筑外面看看就很满足。因此，虽然他去过很多人不曾去过的地方,但却从未真正领略过那些地方的历史风情,也不能很有见地地和人谈论起他所去过的地方。

过分节俭的人出去旅游,根本不会购买旅游指南,也不会想到雇导游深入讲解,就算是非常有历史意义的地方也是如此。这些人宁愿花费高昂的路费,却吝啬到不愿多花一分钱深入了解,完全丧失了旅行的意义。

让经济能力有限的年轻人做到慷慨大方是一件颇有难度的事情,但有时候,和有教养的人进行交际,从他们身上感受到帮助与鼓励,是花再多钱也买不到的珍贵经历。每当有这种机会出现时,年轻人请不要吝啬金钱,不妨慷慨一些。虽然参加一次宴会可能消耗掉你一周的薪资,但是通过这场宴会,你得以和成就斐然、经验丰富的人结交,收获他们带给你的鼓舞、灵感和经验,这些都是金钱无法衡量的心灵财富。

在自己经济能够承担的范畴内,对任何可以增长见识、开阔视野的事情进行投资,都是一种明智的花费,这可以帮助我们更快地挖掘自身潜力。如果一个人足够高瞻远瞩,他会意识到这种投资的必要性,根本不会为一时的破费而感到困惑,更不会被错误的奢侈观念所束缚。

这个世界上,很多富人打着"简单生活"的旗号,不过是为了遮掩吝啬度日的事实。钱包很鼓,脑袋很空,鼠目寸光而不懂得自我投资,这种人生观和处事观无疑是狭隘和错误的。年轻人尤其要引以为戒。

第十章　养成良好的储蓄习惯

纽约市教育局在公立学校设立"便士银行",此举目的在于鼓励学生们养成勤俭节约的习惯。对此,教育局的格林副局长这么解释:"学生手中的积蓄数额很小,不足以开一个账户。有了'便士银行',即便是数额非常小的存款,也会接收。这样一来,学生们可以更加合理地规划零用钱,学会节俭。当他们在'便士银行'的存款达到储蓄银行规定的开户金额时,就能拥有自己的账户,将这种节俭的习惯很好地延续下去。"

教育局通过设立便士银行,为学生提供了特殊的储蓄方式,鼓励他们养成良好的储蓄习惯。当人们手中的积蓄变得足够多时,就可以购买更多的自由债券,这种方式不仅帮助自己增加了收益渠道,更间接帮助了国家。

习惯是需要培养的,当做一件事情变成了自然的举动时,说明习惯已经养成了。当真正拥有了某种良好的习惯,就会受益终身。

当然，如果形成了某种恶习，后果也不堪设想——在不良习惯的促使下，我们会偏离自己的正常轨道，走向一条不归路。当意识到问题所在时，就不得不付出更多精力去矫正自己。因为习惯被称作人的第二天性，类似于人的本能反应，具备左右一个人的强大力量。当一些行为习惯已经在大脑和神经中枢里根深蒂固，想要改变它，异常痛苦，也是非常困难。

在现实生活中，一些中年人在试图改变某些习惯时，颇有些无能为力，因为在几十年的岁月里，一些习惯早就融入他们的生命中，成为不可分割的一部分。我们总以为，改掉一些坏习惯是朝夕之间的事情，实际上，比养成一种习惯更难的，是要花上更多的时间去改掉它。

举个例子，当嗜好酒精的凡·温克勤说"这次，我不会再犯类似的错误"时，实际上不过是那么一说罢了，说出来很容易，但要阻止所有的大脑细胞重蹈覆辙，几乎是难上加难。对此，詹姆斯教授阐释道，他体内的每根神经和纤维不会因为嘴上说一句不重蹈覆辙，就能很好地配合他杜绝嗜酒如命的恶习，只要那些神经中枢发出一个"你需要酒精刺激"的指令，那么轻车熟路，那么强烈有力，他就会不顾一切地投入到酒精的怀抱中，即便是倾家荡产也在所不惜，这就是恶习难改的根源所在。

恶习使人堕落，而良好的储蓄习惯，则是每个年轻人最应该结交的挚友。

节俭习惯的养成，应当从小开始。每个孩子都需要一个属于

自己的银行户头,这会督促他们进行储蓄。除非有特殊情况,否则,存钱的习惯不应当中断。可以每次存一点,数额不限,逐渐帮助孩子树立节俭的观念。从长远来看,储蓄习惯能够让他感受到更多的物质安全感。

帕克赫斯特博士曾说:"即便你的银行存款不多,那也足以令人兴奋。"有个年轻人将自己剩余的一小笔数目的钱存进了银行,这是他第一次存钱,半年后,他整理存款时发现利息非常可观,心情大好,并决心以后要延续存款的好习惯,这让他感觉很快就能步入有钱人的行列了。

一个人成熟的标志之一,是他开始懂得金钱的价值,并进行规律的储蓄。这时候,他会更好地规划人生,形成了更正确的人生观,变得自信,能够理智地运用金钱。节俭建立在具备赚钱能力的基础上,而支配钱财则需要头脑。

很多人因为拥有了储蓄账户,能够定时存款,感到非常幸运,这让他们的生活得到了更多保障,注入了源源不断的动力。当养成节俭的习惯后,人们就能更有条理地处理事情,进而走向家庭小康、事业有成之路。

一个年轻人意识到自己有足够的能力进行储蓄,说明他可以很好地安排生活,并略有节余,他可以承担更大的责任,成为更好的员工。而有储蓄习惯的人,目光长远,不怕被炒鱿鱼:就算没有了工作,他仍旧可以活得很好;但是老板没有了他,可能是极大的损失。

商人拥有独立性的绝佳标志就是可以自由支配现金,他在银行结算中的名声一定不会差。再加上头脑清醒、判断力良好、信誉极高，他在行业内定会有着举足轻重的地位。

对于一个在校生来说，他一年可能只存了几十美元。虽然在数额上，他的存储金额非常有限，在别人眼中，更不值一提。但是，这并不妨碍这几十美元会成为他人生中非常重要的事情之一。

就算是再微薄的存款，也是财富的源头。人们总是忽略了这样的事实：一笔完全不在意的小钱，通过不断的积攒，也能成为巨款。当找到了正确的投资渠道时，收益也会非常可观。

如同盈余是信誉优良的银行的标志，有足够的储蓄是有信誉的年轻人的标志。不管开始存储的第一笔数额有多少，现在开始行动，并坚持下去，就能看到收益。

一些年轻人从来不把小钱放在心上，对零钱不屑一顾，几分钱、几毛钱可有可无，时间久了，就会养成浪费的恶习，断送一生。

不仅是年轻人，很多人都没有将小钱的价值重视起来。在他们看来，只有坐拥一大笔金额时，才应该去存储，或者是寻找合适的投资。相比之下，小笔钱根本不能做什么。

最近遇到一个年轻人，他给我留下了深刻的印象。他说，已经有很多年，习惯把钱随意放在口袋里，从不去清点里面到底有多少，结果那些钱很快就花光了。后来，他总结了一下，之所以会这样，是购买了太多不必要的东西。从那以后，他开始把钱放在一个固定的小袋子里，慢慢地，就养成了储蓄的习惯。因为从

小袋子里面掏钱很费力,这就给了自己一个思考的机会,眼前的东西是否真的是必需品。如果按照以前的做法,他肯定毫不犹豫就付款了。

养成良好的储蓄习惯,能够帮助自我塑造品格。如果我们愿意理性对待消费,将目光放得更加长远,那我们永远不会愚蠢到将积蓄浪费在不必要的东西上。

第十一章 不要虚度光阴

片刻的时光中隐藏着无数机遇，浪费时间等同于亲手扼杀幸福生活。充分发掘时间的价值是年轻生命最应该做的事情，今天的时间造就了明天的幸福生活。

浪费时间是非常不明智的行为，真正懂得节俭的人会将分分秒秒的时间看作最宝贵的财富，珍视人的精力和体力，那是上天神圣的恩赐，绝不允许轻易挥霍。

在这个世界上，很多人终日埋头苦干，却鲜有成就，如果他们发现问题在于"没有充分利用已有的时间和精力"，再汲取教训，一定可以创造出更多的价值。

在年轻时不断完善自我，是实现生命最大价值的绝佳方式。浪费时间和精力的同时，机遇也会悄然溜走，也有可能导致始料未及的人生悲剧。很多人都分外重视钱财，却忽视自身的体力、脑力消耗，更是对盲目浪费时间的行为不屑一顾。他们倾向于熬

夜，而不珍惜可贵的睡眠时间，也无法规律用餐，反而将该吃饭的时间用来干别的，以为这样才是节省时间。这样的人未来要受到的惩罚显而易见，他终将因为体力不支而被迫终止职业生涯。

很多人都无法集中时间和精力，没有在规划好的时间内将该做的事情完成。他们本应选择一本好书来阅读，结果注意力却被一本不怎么好的书吸引而去；他们本可以将事情做得更好，却总是把大好时光闲置，终日无所事事；他们做事情总是很敷衍，到头来却不得不花更多的时间去重新审查，查漏补缺；他们对待工作也很不认真，通常要做上好几遍才能保证没有问题。而不是一次性将事情做到最好。

有一个野心勃勃的商人，很想成就一番事业，却总被一些小细节牵绊，万般纠结难以脱身。他虽有工作热情，但是大部分的时间和精力都被一些微不足道的小问题分散。为此，他很苦恼，当深夜离开办公室时，总觉得还有很多事情没有处理完，效率非常低下，思绪也很混乱。

无法静下心来办事，不仅大大降低了效率，还很可能出现失误。为了防止这种情况，一定要让头脑保持清醒，冷静处理问题。

越身负重任，越感到迷茫、无从下手，这时候最好不要盲目工作，先停下来，整理一下思绪，将要处理的事情一一列出，区分出轻重缓急。这样做的好处是，你很快就能发现问题所在，并能有条不紊地处理。也就是说，人会被接踵而至的任务冲昏头脑，承受莫大的心理压力。如果你能够及时发现自己分身乏术，并不能在某一个时间段内将所有事情都做好，为什么不能将时间和精力专注到一件事情上呢？先做完一件，再接着处理下一件，这样就不用在诸多事情之间疲于奔命，慌乱之中无法尽善尽美，反而可能会不断地推倒重来。我们能够有条不紊地安排工作，抓住重点，井然有序地进行处理，就不会感到压力巨大，手忙脚乱，效率低下，从而破坏工作热情，丧失工作兴趣。

英格兰发生过这样一件事，一幢大厦需要建造大钟，在大厦里办公的律师经常在大厅和走廊里集会。于是，大钟的设计者在集会的人群中找到一个人当信使，希望他能够帮忙找一句格言放在大钟下面警示众人，这个人就向他碰到的第一个人求助，结果对方正专注于自己的公事，不耐烦地回应了一句："走开，别烦我！"

当大钟的设计者接到信使送来的格言时，起初很惊讶，但是他思索了一下，最终还是决定采用，因为它简短有力地说明了这样的道理：时间是非常宝贵的，要明确自己的目的，防止被他人用无所谓的事情消耗掉。而那些能够取得成就的人，都将这个道理作为秘密武器，保证自己的办事效率。

但有时候也会事与愿违，一些有权命令我们的人，或者是需要帮助的人们总是会占用到我们的个人时间。他们会强迫我们坐下来倾听一些根本与自己无关的事情，而我们出于社交礼貌，又不能直截了当地进行拒绝，这就更令人气愤了。

这些随意浪费别人时间和精力的人，不仅仅存在于业务繁忙的办公室，在我们日常家庭生活中也不胜枚举。家庭主妇们总是

高贵的个性

不能很好地安排自己的时间,当邻居打来电话,她们不得不放下手头的事情,聆听对方总也发泄不完的个人情绪,或者一些道听途说的闲言碎语,有时候接待一个客人更是耗神,那意味着要听对方讲上很久的家庭矛盾和琐事,相当乏味。

一些家庭主妇总喜欢去别人家中做客,聊一些无关痛痒的话题,并且能够持续很长时间,随意占用别人的时间,打乱他人的计划,即便是再精明能干的主妇,也会逼得手忙脚乱,没有机会做自己的事情。如果这些人意识到时间的宝贵,就不会这么贸然浪费别人的时间。

一位作家如此看待虚度光阴,他说:"浪费时间同节俭生活的目标互相背离,如果一个人做不到惜时如金,就很难有所成就,任何伟大的人物都知道时间的宝贵所在。"

当你开始投入工作时,不妨暗示自己每天的时间是多么宝贵,思考一下每分钟对自己的意义,努力让时间过得更有价值。

迪安·阿尔福德曾说:"时间长短与它本身的重要性以及带来的价值不是成正比的,有时候偶然的几分钟可能会改变你的一生,这是不可辩驳的事实。但是,每个人都无法预料那个能够影响自己的重要时刻会在什么时候到来。"所以,更要认真对待生命中的每分每秒。

时间,是上帝赐予人们的宝贵礼物,它蕴含着无限可能,妙不可言。岁月飞逝,不要为了没有意义的想法而虚度光阴。珍惜时间,才能拥有想要的未来。

第四篇

个　性

高贵的个性

第一章 伟大的个性

亨利·德拉蒙德是一位作家，富有独特的人格魅力，他一生的经历比他创作的所有作品都要伟大。在德拉蒙德看来，世界上最伟大的事物是充满仁爱的品性。如果这种说法没错的话，那么每个人通过内在个性所表达出来的纯粹的爱，就是世间最伟大的事物。

乔治·史密斯博士曾对德拉蒙德的传记进行过深入的研究，他评价说："当你遇到德拉蒙德时，你会被他优雅的举止、得体的穿着所感染。他体态轻盈，身材修长，走路时候的脚步轻快且富有节奏，脸上总是洋溢着笑容，看上去非常从容。当你和他交谈，你会感受到，他对你所表达的内容充满热忱与兴趣。德拉蒙德不仅热爱垂钓，对射击和溜冰也很痴迷，还经常打板球，你会讶异于他所精通的运动项目，实在是太多了。他曾经跋涉过很长的路途，只为了看一场焰火表演或足球赛……只要你遇到他，总能听到新的故事，那些谜语或者是笑话永远都没有重复过。当他走在大街上，会被两个送信儿童的恶作剧所吸引，还会兴致勃勃地拉着你一同观看。在火车上，德拉蒙德会与你一同分享他最喜爱的新故事，在某个下雨天，他来到一个乡村农舍，讲述了一种新的游戏玩法，不到几分钟，大家便开始跃跃欲试，加入到游戏当中。在儿童聚会上，他的神奇魔术令每个孩子兴奋不已。走近德拉蒙德，你会发现，当他还是一个孩子时，就已经具备男子汉的气概；而当他真正成为一个男人时，仍怀有赤子之心。"

在德拉蒙德还是孩子时，就与马克拉伦在板球场上结识。后来，马克拉伦这样评价他："德拉蒙德是我所认识的人当中最有影响力的，他身上有一种神奇的魔力。如果说，别人都是通过语言和行为来对周围人产生影响，那么，在德拉蒙德身上，那种伟大的个性所释放的吸引力是前所未有的。"

认识德拉蒙德的人们，会亲切地尊称他为"王子"。格罗斯教授曾说，在交友方面，德拉蒙德的才能是非凡的，足见他与众不同的个性魅力。

在德拉蒙德还是个年轻人时，他曾受到他人帮助，之后，他用言简意赅的话语吸引了很多年轻人的注意力，他奉劝他们虔诚祈祷，并像上帝所说的那样行事。当美国布道者从苏格兰离开时，人们都围绕在德拉蒙德周围，衷心拥护他做大家精神上的领袖，那时候，德拉蒙德还不到二十三岁。

德拉蒙德不仅仅以一个神学家的敏锐洞察了适用于精神世界的自然法则，还能化繁就简，将艰深难懂的真理以浅显形象的方

式表达出来。不仅如此，他还是一个探险家，曾孤身一人深入到非洲荒野中。

德拉蒙德从没有想过通过写书令自己声名大噪，但事实却是不计其数的人都在拜读他的大作，而这个时候他早已在遥远的美国或者澳大利亚开始新的旅程。

人们如此仰慕德拉蒙德，将他视为精神支柱，想要找到他，愿意衷心地追随他，就如同他衷心追随上帝一样。对此，我不禁有这样的疑问："什么是个性？个性是一个人和另外一个人完全不同的所有品质的总和吗？德拉蒙德与众不同的个性魅力就是多才多艺吗？"

不，准确地说，是他身上异于别人的很多优秀品质的独特融合。

如果一个人只拥有超乎寻常的精神力量，而缺乏平和的心态，他也很难感染众人。

在这一章节中，我并不想逐一列举哪些精神和道德品质对人类最重要，只想列举那些经久不衰的可贵精神。对于那些致力于探索世界上最伟大事物的人来说，这些精神品质至关重要。

第二章　成为善意与快乐的使者

保持快乐的心态也是一种责任。显然,在所有责任中,传播快乐,是尤为重要的一种责任。你知道吗?一份快乐甚至能够改变世界!

事情发生在佛罗伦萨的一座公共建筑前,一位年迈的伤残老兵坐在台阶上拉小提琴,一只狗陪伴在他身旁的,嘴上衔着他的帽子。偶尔,经过这里的人会将一枚硬币放在帽子里。一位绅士路过,和大家不同的是,他并没有向帽子里放钱,而是在征得老兵同意之后,要来了他的小提琴。这位绅士先将音调调准,然后便开始尽情演奏起来。

渐渐地,路人被眼前的一幕吸引了:一个再普通不过的场所,穿着体面的绅士与落魄的残疾老兵,形成了鲜明的对比,奇妙的音乐将两个毫无关系的人紧密地联系到了一起!人们被美妙动听的音乐所吸引,纷纷驻足停留,还不忘向老兵施以援手。很

高贵的个性

快,老兵的帽子一次次被沉甸甸的硬币装满。聚集到这里的人越来越多,绅士又演奏了一曲,之后把小提琴还给了老兵,很快就离开了。

就在这时,一位围观者认出了演奏的绅士,他就是举世闻名的小提琴家阿玛德·布切。出于善意,他做了这样的举动,受到感染的人们纷纷效仿他。于是,神奇的一幕发生了,伤残老兵的帽子在人群中不断传递着,他收到了更多善款。虽然布切先生没有拿出一分钱,但他一个举动却令老兵感受到了更多的来自陌生人的善意,这让老兵一天的心情都沐浴在温暖灿烂的阳光中。

还有一个类似的故事,来自米开朗琪罗。当时,他已声名远播,君主和教皇们都不惜重金邀请他作画。有一天,一个其貌不扬的小男孩在街上遇见了他,手中拿着破旧的铅笔和肮脏的画纸,希望米开朗琪罗为他画一幅画。这位卓越的艺术家没有任何犹豫,随即坐在路边的石头上,为眼前这个小崇拜者认真画了起来。

另外一个动人的故事和瑞典著名歌唱家詹妮·林德有关,透过这个故事,我们可以看到她身上那种高贵的品性。一次,詹妮和朋友散步,看到一位年迈的老妇人艰难地走向救济院,瞬间,她对老妇人产生了莫大的同情。詹妮想要帮助眼前这个孱弱的老人,于是,她也走进了救济院,并假装要在这里休息一下,然后借机送给了老妇人一些东西。

没想到,老妇人非常喜爱詹妮·林德的歌曲,"我活了这么久,唯一的遗憾就是,无法亲耳听到詹妮·林德的歌声。"

"如果你有机会听到，一定会非常开心吧？"詹妮关切地问。

"当然！不过，像我这样的穷人，连音乐会最廉价的票也买不起。可能，我到死也听不到她的歌声了……"

"不要这么绝望，"詹妮安慰她说："我可以为你唱一首歌。"

詹妮动情地唱了起来，那是她唱得最好的歌曲之一。

老妇人脸上绽开笑容，她非常高兴，但同时又非常疑惑，因为眼前的女子竟然告诉她说，自己已经亲耳听到詹妮·林德的歌声了。

名誉是比玫瑰更芳香的存在，因为它汇聚了人类的良知、仁爱和无私，这种为人着想、乐于助人的美好品性能够内化为坚不可摧的精神力量。"伟大的思想让人发生奇妙的变化，"赫伯特如是说，"你会发现，你的身体，说话的方式以及穿衣搭配、日常起居都不一样了。"贺拉斯·史密斯更非常赞赏温文尔雅的品性，认为这是一个人最佳的状态。诗人阿姆斯贝里也说："一个具有优雅从容、温柔善良品性的人，会受到大众普遍的崇敬和赞美——因为这样的人慷慨大方、善解人意，懂得同情他人，也会关爱身边那些同样有教养的人。"

你是否遇到过这样的人，他乐观向上，乐善好施，交友广泛，待人亲和，他的灵魂是优雅的，总能设身处地，关心他人，也被周围的人关爱着？没错，如果有这样一个人，不用怀疑，他一定就是善意和快乐的使者。

有的人生性乐观，不管他们面对什么样的境地，总是面带笑容，从不挑剔，知足常乐。在这些人看来，人生就是一个漫长的美好假期，到处都是喜悦和幸福。他们给人的感觉仿佛就是，他们刚刚经历了一件非常幸运的事，或是有什么好消息要与人分享。就像蜜蜂能够从鲜花中酿出香甜的蜂蜜，这些人身上也有神奇的力量，就算是天空一片阴霾，只要有他们在的地方，你就能感受到明媚的阳光。在病房里，他们比经验丰富的医师更能让病人身心愉悦。所有的大门都会向他们敞开着，不管他们走到哪里，都备受欢迎。

最令人着迷的，总是人们拥有的美好品性，而不是过人的外表。即便是严寒的冬日，如果你在大街上碰到了一个非常开心的人，你会觉得连空气都变得暖和了。在比肯斯菲尔德伯爵看来，真正的绅士和贵妇一定具有注重礼仪和善解人意这两个重要特征。

"你总是感到悲伤绝望，无法自拔吗？"德·撒勒斯问道，"如果是，请不要在意，继续保持优雅从容。"每个年轻人都应当把这句话作为人生准则。

在英国格罗斯特郡，有一所非常古老的庄园，在它客厅的镜框中，有这样一段话："真正的绅士，他能够主宰自己的命运，成为世界的主人。他因为具有美德而事业有成，视学习为娱乐，知足常乐。他信仰虔诚，与圣人为友，乐于助人，从不奢靡度日。他富有激情，品性纯洁，温和节制，仁慈友爱。他精神上所拥有的一切都构建在美德的基础之上。这样的人，他的身心是愉悦的,灵魂是富足的,总能给他人带来心灵的慰藉。"

爱丽丝·卡里如是说——

时光飞逝,

人真正的价值在于做自己认为最有价值的事情,

而不是随波逐流,一事无成;

在于能够脚踏实地,从小事做起,

而不是好高骛远。

不管人们怎么说,

不管年轻人的梦想是什么,

最高贵的事情就是坚守善意,

最忠诚的事情就是捍卫真理。

第四篇 个性

高贵的个性

第三章　仁慈的心灵

力西特尔曾说:"没有比仁慈的心灵更好的果实了,它是如此的柔和,能够包容一切,温暖的心灵,具有无限的乐趣。"

那是一个非常寒冷的冬天,天色已晚,正下着大雪,外面一片昏暗,只有城市的灯光是明亮的。这时候,有钱人已经购买好了所需物品,准备回家享受丰盛的晚餐,店铺都要关门了,劳累了一天的店员为了省钱,只能拖着疲惫的身躯走回去。

一位女店员踩着路上的积雪,焦急地赶路。她看起来很瘦弱,穿得也非常单薄,身上的斗篷显然是秋装,对于这么寒冷的天气来说,几乎起不到任何保暖的作用。

人行道旁不起眼的阴暗巷子里,一个盲人默默地兜售着铅笔。行色匆匆的路人很难注意到这样一位特殊商贩的存在。寒风夹杂着雪花毫不留情地打在他身上,他衣着单薄,骨瘦如柴,手指已经冻得发紫,紧紧地攥着铅笔。

与很多赶路人一样，女孩也从盲人身边匆忙而过。可是，当她已经走出很远后，突然停住了，手在衣服口袋里摸了摸，很快就掉头往回走。

她来到盲人面前，盲人确实没有意识到有一个害羞的女孩在认真看着自己。她将一枚硬币悄悄地放在盲人手中，转身离开继续赶路。

可是，女孩匆忙的脚步再次放慢了，好像在专注地思考着什么。没过多久，她便再次快走起来，却不是回家，而是再次回到了小巷子里。

"你真的是盲人吗？"女孩轻声问道。

男子应声转过头，这次女孩看清了那双眼睛，毫无光泽可言。女孩注意到盲人的胸口挂着一枚陈旧的退伍徽章，原来他曾是美国联邦军队的一员。

"不好意思。"女孩抱歉地说，"您能把刚才的硬币还给我吗？"

"好。"盲人随即掏出了硬币。

女孩翻出自己干瘪的钱包，那里面装着她连续几周努力工作的少量积蓄，也是她现在所有的财产。她将钱平均分为两份，把其中一份放在男子手中。

"请你收下这为数不多的钱，外面天寒地冻，快回家去吧。"带着对盲人无限的悲悯，女孩继续赶路。

即便没有一个人看到女孩的所作所为，但——

一种希望别人得到祝福的愿望，让她感到如同身处天堂

般美好。

哥尔德·史密斯博士，一位生理学博士，曾经收到过一个贫穷妇人的来信。她丈夫食欲不振，心情很不好。她希望得到帮助。史密斯博士会怎么处理这件事呢？他送给了他们几个金币和一句话——"保持耐心，天天开心。"

还有一个发生在美国南北战争时期的感人故事。弗雷德里克战役中，北方联军的伤员在激烈的战场上躺了一天一夜，他们不时地发出痛苦的呻吟声，随即又淹没在看似永无休止的炮火中。"水，水……"还活着的伤员迫切需要得到救治，但能够回答他们的只有耳边轰鸣的枪击声。终于，一个南方士兵再也不能无视北方伤员的惨状，向长官请求允许他走出战壕给敌人的伤员送水。长官感到非常诧异，他现在离开战壕，无异于送死。可是，在这个士兵看来，即使枪炮声再大，也淹没不了伤员的哀嚎声，他无法容忍见死不救。于是，士兵没有等长官同意，就带着充足的水冲出了战壕，在枪林弹雨中，往返于伤员和濒死之人中间，动作轻缓，认真细致，像对待自己的亲兄弟一样。双方军队都被眼前发生的一幕震撼到了，他们的视线再也无法从这个勇敢的战士身上转移：他竟然冒着生命危险在救治敌军的伤员！怀揣着无限的敬意，双方暂时停火了。这将近一个半小时的停战震撼人心，史无前例。

据说著名的戈登将军一生拥有无数奖章，可是他一点都不在乎，唯独对一枚金色奖章格外看重。因为这枚奖章上有一句独特的题词，他很喜欢那句话。有一天，这枚戈登将军最爱的奖章不见了，所有人都不知道发生了什么。很多年后，一个非常偶然的机会，人们再次发现了它。原来，当年戈登将军把奖章上的题词抹去并卖掉了它，得到了十英镑的收益。之后，他用匿名的方式把这笔钱寄给了一个难民救护所，帮助他们渡过难关，这个救护所专门收留在曼彻斯特棉荒中遭受损失的可怜农民。

"仁慈的心灵是珍贵的。它柔和，包容，温暖，充满乐趣。"里希特尔如此说。

第四章　充满爱的心灵

形成伟大个性的终极秘密在于彻底忘记自我，将自己奉献给世界上最完美、最真实、最纯粹的事物。

在新奥尔良的广场上矗立着一座漂亮醒目的雕像，它的底座刻着这样几个字："玛格丽特雕像，新奥尔良。"

在黄热病肆虐大地的那段时日，玛格丽特的家人相继去世，只有她存活了下来，成了孤儿。在她还很年轻时，就已经嫁作人妇，但幸福并不长久，她的丈夫去世了，更加悲惨的是，她唯一的孩子也死了。玛格丽特没有什么文化，除了拼写自己名字那几个简单的字母，她几乎不会写字。她生活贫寒，最后只好去女子孤儿收容所工作谋生。收容所的条件异常艰苦，玛格丽特每天从早忙到晚，将所有的精力都投入到照顾孤儿上面。直到新的收容所建造出来，玛格丽特和那些修女的生活才稍稍好过些。之后，玛格丽特开了一家自己的面包店，一些好心人主动提供资金支持,帮助她解决了运奶车和烤炉的难题。玛格丽特仍旧像之前一样勤恳工作,用心经营面包店,将所有的收入都用来资助收容所的孤儿们。其实,很久以前,玛格丽特就已经将那些可怜的孩子当作是自己亲生的了。尽管她相貌平平,从来都不穿华贵的衣服,是个普通得不能再普通的人,但是,当玛格丽特离世后,这座城市的每个人都知道她的感人事迹。为了纪念她,人们在新奥尔良广场上为她修建了美丽的雕像。

当一个人能够对自身所专注的事情产生崇高的感情,也会对生命充满感激之情,进而对人生的意义产生更为清晰的认识。将追求完美作为我们奋斗的目标,就能够明晰自身存在的缺陷和不足,不会为无法改变的事情而焦虑,只会将最为宝贵的品性带入永恒的生命中,进而过一种独具个性的非凡生活。

查尔斯·金斯利说:"如果一个人知道自己最想干的事情是什么,并全心全意投入其中。那么,要不了多久,他就会表现出鲜明的个人特色,彰显他所具有的品质。"

格莱斯顿是英国伟大的政治家,他胸襟宽广,仁慈友爱,对身边的每个人都展示平等的热忱与关心,格莱斯顿这种品质堪称伟大。

还有很多关于韦斯特小姐、贾德森女士、斯诺女士等感人肺腑的故事,每当我看到这些,都会强烈地感受到,一个属于新英雄的时代正向我们大步走来。

除此之外,一个曾经的重罪犯崇高的自我奉献精神也尤为发人深省。约翰头发被修剪得非常短,走起路来一点也不规矩,他

高贵的个性

曾是一个罪行累累、品格低劣的犯人。可是，当孟菲斯遭受黄热病的灾难时，他请求去当医护人员。起初，医生并没有答应他。

"我真的非常想去帮助遭受疾病困扰的人们。"约翰一再坚持，"请给我个机会吧，就一个星期，如果我做得不好，你可以随时辞退我；如果你觉得我做得还可以，再支付我报酬也不迟。"

"既然这样，"医生说："给你一周的试用期，虽然我觉得这样做可能是错误的。"接着，那位医生在心中默默对自己说："我会盯紧他的。"

然而，事实却是，约翰用行动向大家证明了对他的留心提防完全没有必要。没过多久，他就成为最为优秀的护理员之一。越是疫病严重的地方，就越能够频繁地看到约翰的身影。那些身患重病的人都非常感激他，对那些被死神宣判的人来说，约翰那张看起来有些狰狞的脸宛如天使般美好。

可是，在领取报酬那天，约翰的行为有些怪异，他一路上左顾右盼，好像很担心被别人发现似的。后来，他来到一个专门存放救济箱的地方，那是为黄热病患者设立的。后来，有人看到约翰把所有收入都放入了箱子里。没过多久，约翰也感染了黄热病，离开了人世。因为他生前从没有和人提起过自己是谁，他的尸体只能安置在无名者的墓地中。在下葬之前，人们发现了约翰身上的烙印，才发现这名优秀的护理人员曾经是重罪犯。

"如果人生只能有一种追求，"克尔顿说："那必须是对美德至高无上的追求。"爱默生也说过："美德的价值无法衡量，它在所有伟大品格中的地位最高。"斯特拉特福子爵曾举行晚宴庆祝克里米亚战争的结束，在宴会上发生的一件事，时至今日，仍被津津乐道。这件事是美德的最好佐证。

晚宴上，众人做了一个小游戏，参战的军官被要求写下一个人的名字，这个人必须要和克里米亚战争有关，并且是自己认为在战争中贡献最大、最有可能流芳百世的重要人物。结果，所有人的纸条上竟然出乎意料地写着同一个人的名字——佛罗伦斯·南丁格尔。她无疑是光明的化身，也是在战争中获得最高盛誉的妇人。

在南丁格尔的报告中，是这么写的："在过去几个小时中，只有南丁格尔和她的一小队护士来过，并从未离开。在她们面前是不计其数的伤员，还有更多的伤员源源不断地从战场中被运回。这里一片混乱，毫无头绪，所有的事情都要从头做起。而南丁格尔需要做的，就是让一切工作正常运行，保证伤员得到及时有效的救治。第一个星期，南丁格尔负责分派任务，几乎每天都要连续站上二十多个小时。当所有事情都在有条不紊地进行时，她则在处理最危重、最艰巨的事情。"

一位和南丁格尔共事的外科医生这么形容她："南丁格尔拥有非常敏锐的感觉系统。有很多非常严重的手术，都是她和我一起做的，她可以在最短的时间内做出最为明确的判断。一些挑战生理极限的特殊任务，可谓非常困难，她却从不退缩。就算眼前的病人没有多少生还的希望，我们依然能常常看到她出现在伤员身边，用极为关切的眼神凝望他，用耐心的话语鼓励他，想尽各种办法去缓解他身体的不适。不仅如此，她几乎从不离开伤员，一直守护他们到他们生命的最后一刻。"

"她和一个又一个伤员交流，和无数伤员点头微笑。"一个士兵回忆道，"可是，她根本无法做到对每个人关切备至。你要了解——受伤的人成千上万，不计其数。但是，我们每个人都能看到她亲切的身影，感受到她身上的神奇力量。"

另一个士兵这样盛赞南丁格尔："当她没有来的时候，病区一片混乱；当她出现后，一切都和教堂一样神圣！"

这些小故事的主角各不相同，但是涉及的高贵品性却如出一辙！他们身上的人格魅力是如此伟大，鲜明独特，令人难以忘怀。

安娜·詹姆斯女士把这种一丝不苟履行职责的品性称为"粘合剂"，"所有的道德建筑物都离不开这种粘合剂，有了它，所有的善良、才华、快乐和爱，才会长久存在。"

如果一个人拥有正确的信仰，那么，在信仰的引导下，他的能力会得到提升，精力也会更加充沛，他伟大的品格也会更加坚不可摧。这种信仰会帮助他开拓光明的前程，收获更多的利益。在人生的漫漫长旅中，高贵的品质和仁爱的心灵是永远的珍宝。

第五章　勇往直前

一位高贵的绅士在面对压力时，可以面带微笑，平静地承受；在面对威胁与阻力时，会展现无畏的勇气；在面对常人所不能抗拒的诱惑时，可以坚强地抵制。并且，一位高贵的绅士，应该始终心怀信仰，坚定不移地践行真理，发扬美德，献身于他认为正义而光荣的事业。

奥地利军队攻打法国的奥弗格纳城之时，曾经遇到过这样一位卫戍士兵。尽管已经被困在了城堡中，陷入了奥地利士兵的包围，他依然顽强地抵抗着，不断向敌军射击。并且，他十分聪明，为了保护自己，他没有始终待在一个窗口旁，而是不停地移动。最后，由于奥地利军队攻势凶猛，奥弗格纳城决定投降。双方签署投降协议后，奥地利军队要求卫戍部队也得投降。可是，他们万万没想到，所谓的"卫戍部队"其实只有一个人。

"你的部队在哪里？"奥地利的军官对这位英勇的卫戍士兵

大叫,"让他们都出来!你们必须投降!"

"我想,你说的卫戍部队,其实就是我。毕竟,我从来没见过其他卫戍士兵在战斗。"卫戍士兵骄傲地回答。

在战争中,加里波第也是这样一位勇往直前的士兵,并且,他还具备惊人的个人魅力,足以强烈地感染他人。有一次,在一场艰苦的战争结束后,为了补充兵员,他在罗马新招了40个士兵。虽然大家都知道,这次的旅程不仅漫长而凶险,而且生死难料,但是,在加里波第的带领下,包括这40个新兵在内的所有士兵都对加里波第的命令绝对服从,不顾一切,奋勇向前。

谁都不是磁铁,没法把其他人像吸引铁块那样吸过来。可是,这世上就是有一些人能够轻而易举地吸引他人,让他们服从他的指挥,进而建立起一个团体,成为团体中最强大的人。这是为什么?当然是因为他们身上具备的可贵品质——非凡的勇气。

无论你从事什么行业,想要有所成就,勇气都是必备的品质。当然,在军队里,这种品质尤其重要。有一位军旅作家写过这样一位年轻的军官,这军官叫乔治,为人和善有礼,是个不折不扣的绅士。他热衷于读书学习,因为军队生活大多属于集体性质,所以大家都知道他的习惯,并且,很多人都觉得他的性格和行为过于软弱,根本不像一个军人,并因此取笑他。但实际上,他并不缺乏勇气。他的军事素养比大部分人都过硬,他绘制的地图还曾受到上校的盛赞。他也擅长管理士兵,有一次,一个士兵违反了纪律,疯狂地冲进营地,正是乔治勇敢地冲上去,捉住了这名企图闹事的士兵,及时地制止了这场闹剧。在战场上,乔治的表现也很出色，他不止一次地冒着敌人的炮火，从前线救回受伤的战友。乔治做的这些事，大家都看在眼里，记在心上。渐渐地，人们被他的勇气所折服，此后，当他再去读书学习时，人们都不再嘲笑他，而是向他投去敬佩的目光。

很多时候，道德上的勇气比行为上的勇气更值得赞赏。因为反对别人的恶行比从战场上救人更难。关于这点，古希腊法官亚里斯泰迪斯为我们做出了很好的榜样。众所周知，在古希腊，雅典和斯巴达是两个比较强大的城邦，它们经常从对方手中争夺对其他城邦的控制权。有一次，地米斯托克利在集会上宣称，为了使雅典重掌大权，他想出了一个好方法。可是，想要使这个方法成功施行，就必须让它最大程度地保密。所以，他不能把他的想法完全公之于众。他希望大家可以选出一个诚实无畏的人，他会把这个办法原原本本地向那个人解释清楚，然后由那个人代替大家决定，到底要不要实行这个方法。人们选出了亚里斯泰迪斯。亚里斯泰迪斯听过地米斯托克利的方法之后，毫不犹豫地点头称赞，同时也给出了否定的意见。因为这个办法竟然是烧毁其他城邦的舰队。在亚里斯泰迪斯看来，这是个聪明的办法，却也是卑劣的做法，雅典无论如何也不能这样做。

纯洁的心灵总是时刻充满勇气。哈佛大学的阿瑟·库姆诺克是一位懂得节制、崇尚公正的人。在生活中，他随时注重礼仪，保持着谦虚谨慎的作风，就算在玩游戏时，他也督促他人尽量保证公平、正义。正是因为他始终保持公正，才赢得了人们的尊敬，也在一定程度上教导了人们什么才是真正的公平和正义。

高贵的个性

人们应该正直、慷慨地生活，以足够的智慧和勇气让自己的灵魂保持纯洁，并努力锻炼自己的体魄，让自己变得敏捷、健壮。

路德就是这样，他的行为得到了卡莱尔的极度称赞。卡莱尔认为，路德勇敢、纯洁、无私、拥有过人的智慧，是一位真正的伟人，值得所有人去敬爱。因为路德的伟大来源于自然的品质，他从来没有想过要去做伟人，只是默默地去做自己认为对的事情。这也就意味着，他不像人工建造的纪念碑，更像高耸入云的阿尔卑斯山。

第六章　品德的力量

爱默生说："衡量一个国家是不是文明，看的不是它拥有多少城市、人口或者资源，而是它的国民素质。"马丁·路德也说："衡量一个国家是不是富有，看的不是它的国民收入，防御设施、公共建筑，而是国民的受教育程度和体现出来的品质。"

有一年夏天，在克里克印第安人联盟的舞会上，曾经发生过这样一件事——沃特加和迪尔同时看上了一位年轻姑娘。为了得到她，这两位勇敢的年轻人决定决斗。决斗的结果是不幸的，迪尔不仅失去了心爱的姑娘，更失去了宝贵的生命。而沃特加虽然如愿娶了那个姑娘，却也因为杀人而受到审判——这年八月初，他会被枪决。

部落里的人并没有把沃特加关起来。因为他们的习俗就是这样。一直到执行审判之前，犯罪的人都可以照常享受自由。他唯一需要做的，就是在刑期当天回去报到。本来，沃特加已经做好迎接死亡的准备，并且为他的妻子做好了今后的打算。他没有打算逃跑，因为他无法忍受自己做这种没有道德的事。但是，刑期到了，他并没有被处死，因为他为一支很有名的棒球队服务，当时正是赛季，他需要参加许多比赛，这无法被更改。于是，经过研讨，那些印第安人决定，审判结果依然不变，不过应该等他完成比赛之后再执行。

之后的两个月，沃特加一直在参加各种各样的比赛。直到10月的一个星期天，他完成了所有的比赛，回来报到了。

关于那天的情景，一篇报道如是写道："沃特加独自走向刑场。他到的非常准时，人们早已等在那里。他站到自己该站的位置，人们把他的手臂绑到身后，又在他的眼睛上蒙了一条黑色的布条。一切准备就绪后，枪响了。他的胸口立刻涌出了鲜血。"

在独立战争时期，马萨诸塞州也发生过类似的事情，只不过故事的主角迪克·约翰逊比沃特加幸运得多。他是保守党成员，被指控犯了叛国罪，判了死刑。不过，因为他承诺刑期当天会准时奔赴刑场，法官暂时没有拘捕他，而是允许他像往常一样工作。他也确实十分信守承诺，如期到了刑场。不过，在快行刑时，一个十分了解他为人的议员火速赶到了这里，为他澄清了罪名，及时救了他一命。

在遥远的罗马时代，这样的事也发生过。一次，一个叫雷古鲁斯的罗马人被迦太基军队抓住了，对方没有马上处死他，因为他们想出了一个自认为的好主意——让他迫使罗马向迦太基讲和，如果成功，他就可以获得自由，如果失败，他就必须沦为奴隶。雷古鲁斯答应了这个条件，他回到祖国之后，向执政者如实说了这件事，不过，他也提出了中肯客观的建议——无论如何，不要讲和，然后心甘情愿地回到迦太基，做了奴隶。

达蒙和皮西厄斯也是这样伟大的人。这两个人，一个人愿意用自己的死亡换得朋友的生存，一个人自愿自觉地在规定的时间内甘受死刑。他们多么值得敬佩啊！

如果一个人真正可以做到信守承诺，一诺千金，我们就可以毫不夸张地说，他比任何享有高地位或者最成功的人都伟大。因为，无论在什么条件下，承诺都是庄严而神圣的东西。它比钱更重要，比智慧更伟大，比名声更持久。蒙田拥有一座城堡，但是，在投石党战争期间，他却没有在城堡附近设防。这是为什么？并不是因为他不够小心谨慎，而是因为他比任何人都明白，他正直的名声比任何防御设施都坚固。事实也确实如此。

在国会上，惠灵顿曾经这样评价罗伯特·皮尔爵士："各位，他是一位崇高的人，一位值得尊敬的人。我和他共事过很长时间，在我见过的所有人里，毫无疑问，他绝对是最正直，最公正人的。"杰斐逊也这样评价过华盛顿，他认为，华盛顿人格之伟大，足以赢得整个美国的信任。确实，伟人之所以伟大，就是因为具备高尚的人格，而这种高尚的人格，是国家的看不见的财富。例如亚伯拉罕·林肯。他甚至赢得了政敌的尊敬——斯蒂芬·道格拉斯亲口说过，林肯为人和善，只要有林肯在，整体的氛围一定是安全而舒适的。

和财富、头衔这些能看得见的东西相比，个性和品格这些看

不见的东西明显更为珍贵。它们潜藏在所有事件背后。无论是布道，还是创作诗歌，绘画，戏剧，都会体现出一个人的个性和品格，而这些作品之所以会流芳千古，也正是因为作者高尚的品格。很多时候，人们并不是被表象吸引，而是被更深的东西震撼。爱默生说："查塔姆的演讲具备特殊的魅力，这件事，听过他演讲的人都能感受到。诚然，他的演讲内容总是那么精彩，但他身上蕴藏着更伟大的品质。"

对一个真正的旅行者来说，重要的不是走过多少地方，看过多少美景，而是见过多少聪明人。这是塞缪尔·约翰逊的看法。在鲁特兰德伯爵年轻时，埃塞克斯勋爵这样教导他："要记住，如果走了五里路，只为去参观一座美丽的城市，还不如再多走九十五里路，去找一位聪明人聊天。"

科伯恩在《弗朗西斯·荷纳的纪念碑》一书中这样写道："荷纳，这个爱丁堡人，是一位真正值得尊敬的人。他还年轻时，就比同龄人的影响力更大。他年纪渐长之后，人们更是崇拜他、信任他、爱戴他。他不幸离开人世时，人们都深表遗憾。他是怎么做到这些的？他没有显赫的背景，只是一个商人的儿子；他没有丰厚的财产，他和家人生活虽不贫困，可也只能算温饱；他没有掌握强大的权力，他的确为政府供职，可是时间并不长；他没有过人的才华，为人处事总是慢吞吞的，唯一可以赞颂的就是小心谨慎；他的口才也不好，几乎没什么煽动性，他说话的时候总是保持平和的心态，耐心和人们讲道理；甚至可以说，他的个人魅力也不大，如果说正直和友好也算魅力的话，他勉强倒是有一点儿。这样一个看起来没什么特别的人，为什么会赢得如此显赫的名声呢？自然是因为他具备高尚的品格和善良的心。他正是因为这些品质而显得伟岸。其实，对于任何一个健康人来说，做到这些都不难，只可惜人们为了各种各样的理由，偏偏不这样去做。荷纳做到了。他虽然不算聪明，却是道德上的智者。当管理公共事务时，他知道怎么做更合乎道德以及道德到底是多么重要。在处理各种矛盾时，他也始终相信道德和善意的力量。他自觉地践行着这些，似乎肩负着一种看不见的道德使命，并不依靠外力的逼迫。这是十分可贵的品质。只可惜，他的种种事迹随着他的逝去，逐渐被大家淡忘了。它们真的应该被收集起来，给那些需要帮助的年轻人一点启示。"

萨克雷这样说："有些人的脸上就像写着'一诺千金'一样，他们出现在哪里，就会赢得哪里的尊重。他们身上具备一种特殊的力量，哪怕只是口头承诺，你也会毫不怀疑地相信他们。"

"无论年龄大小，身材如何，一个值得信赖的人总能不知不觉地赢得他人的信任，并因此使自己变得高贵起来。人们毫不怀疑，即便所有人都倒下，他依然会屹立不倒。他是绝对忠诚的，诚实勇敢的，公平正义的。可以说，他具备人类从产生开始就具备的所有美德。因此，人们都希望自己身边存在这样一个人。"斯坦利如是说。

高贵的个性

第七章　品格与钱权的关系

"金钱、权力、自由,甚至连健康都不是人生的必需品,高贵的品格才是人类真正赖以生存的东西。"爱丁堡大学的布莱克教授在教导学生时讲道。

有人试图用优厚的物质条件让正在布道的苏格拉底离开雅典街头,可是,他万万没想到,苏格拉底竟然这样回答他:"多谢,但是,在雅典,想吃一顿饭,只需要花半个硬币,水则是完全免费的。"

关于财富,爱比克泰德曾经这样对一位罗马有钱人说:"我从来不需要太多的钱,也并没有体会到我的贫穷,因为我的思想是无边无际的。说到贫穷,在这方面,我敢说包括你在内的大部分人都比我穷得多。没错,你有数不胜数的银器和金钱,但你的理性和品德却像陶土一样脆弱。而且,不管你拥有多少物质财富,都从来没有满足过,我却不一样。所以,相对而言,你才是真正的穷人。"

伊萨克·沃尔顿如此描述一位富有的邻居："他总是忙于赚钱，从来都没有停止过。他把赚钱当作自己的人生目标，并且无论赚多少钱，从来没有满足的时候。他的工作十分乏味，连他自己都不喜欢。他只能用'想要获得财富，就要勤奋工作'来说服自己，即便如此，他每天都愁眉苦脸的。最不幸的是，他竟然还不明白——钱财和快乐并不是正相关的。大多时候，这两者的关系正像一位专业人士说的那样，'人越富有，就越能感到痛苦而不是满足。'想要得到幸福和内心的平静，只靠金钱是不行的，与金钱相比，健康、情绪和良知明显更重要。"

爱默生说："什么才是真正的善行？是引领人们发现真正的自我，而不是看着人们只沉迷于物质世界，着迷于存款、赚钱等欲望而坐视不管。真正的行善者，他们应该让人们接近知识，体会快乐，享受生命，发现更高层次的自己。"

最富有的人应该是什么样子？他不止拥有大量的金钱，更应该努力帮助别人，让身边的人也跟着富裕起来，让周围的环境和氛围变得更好，让国家变得更加兴旺富强。人们可以从他那里得到大量的机会，同时回报给他最真挚的爱戴和最宝贵的名声。如果他无法做到这些，无法惠及身边的人，无法带领大家一起走向富裕，只是比大多数人更有钱的话，还远远谈不上富有。

无论一个人穷成什么样子，只要他具备高尚的品格，就有变得富裕的资本。因为那是道德的基础，高尚的温床。品格可以带给人们荣誉和尊敬，帮助人们实现心愿。在品格那里，任何人都会得到应有的回报。

弗莱德是制革工人,他收了一个叫亨利的学徒。为了能让亨利表现得老实一点,一开始,他就对亨利说:"一个人怎么对待别人,别人就会怎么对待他。"不过,他的担心始终没有变成现实。在亨利身上,他清楚地看到了诚实、善良和勤奋。为此他觉得很欣慰,并承诺在学徒期满后,送给亨利一件珍贵的礼物。

这件礼物是什么?亨利十分期待。可是,他完全没有想到,它不是物质的东西,而是这样一句话:"在我带过的所有学徒里,你是最出色的。这个名声,就是我送给你的礼物。"亨利有点失落,但他的父亲却很高兴,因为这个明智的男人很清楚名声的价值。名声的光芒会让财富黯然失色,因为只有不遗余力地努力过,才会获得相应的名声。如果名声不好,就算拥有再多的财富,再高贵的身份,再显赫的地位,再美丽的容颜,再丰富的经历,人们也不会心甘情愿地尊敬你。

哈维斯博士认为:"品德就像股票一样,如果一个人拥有足够高尚的品德,让它增值也就不是什么难事。品德可以带给人很多附加的东西。它能让人们不自觉地接近你,敬仰你,支持你,帮助你,给你带来意想不到的财富、影响力和源源不断的快乐。如果想获得成功,与别的道路相比,这条道路可以说是最有效,最容易的了。"

优秀的品格是无价之宝,也是永恒的财富。它是如此珍贵,比珠宝、皇冠都要重要。在品格面前,房产、地产、股票、债券全都不值一提,因为与一个有品格的人相比,百万富翁也会黯然失色。而使自己的品格变得高尚，简直是这世界上最值得赞颂的行为。当然，人们不能只靠品格生存，赚钱也很重要，它是每个人都必须要做的事情，但是，如果为了赚钱忘记了生活的真正目标，混淆了对错、善恶、黑白、美丑，忽视了自然和艺术，泯灭了责任感和道德感，就算赚再多的钱，也无法弥补精神上的贫瘠，获得真正的幸福和安宁。因此，真正明智的做法，是妥善安排自己的时间，既注重保证精神上的圣洁，也不要忘了提高物质水平。一个人想健康地活着，除了需要吃喝用度，也需要一定数量的精神食粮。而且，在大部分时间里，人们对精神食粮的需求，要远比对物质的需求更为迫切和强烈。一个真正伟大的人，就算住在破破烂烂的小房子里，也要比一个住在豪宅里的奴隶更尊贵。

朴素的生活，智慧的思想，高尚的品德，这些无形的财富远比那些有形的财富更让人一生受益。看一个人有没有价值，不能只看他有形的资产。也许他的钱包很鼓，可是他的心灵却比大部分人都要干瘪。也许他的房子很大，可是他的心胸却比大部分人狭隘。也许他把自己的全部生命都奉献给了金钱，却丝毫不注重自身的发展。如果这些都是真的，对他来说，他的那些金钱早晚都会变得一文不值，他的下场也要比大多数人都可悲。因为他的灵魂已经被深深刻上"吝啬鬼"三个字，他所有高尚的品格，也都早已在世俗事务中死去。天啊，这到底是一个多么贫穷的人！

如果一个人举止粗俗、满脸横肉，却在自以为是地向你传授发家秘籍，你会愿意学习吗？你会从心底崇敬他，认为他是成功

人士吗？不难看出，他积累财富的方式简单到粗鄙——只顾索取，永不付出，压榨他人，成全自己。他不过是一个如豺狼般贪婪的人，只会从他人那里掠夺，其他什么都不管。他的富有建立在别人的贫穷之上，这样的富有，真的会带给人带来快乐吗？是的，也许他们获得了世俗意义上的成功，但他们也为自己的行为付出了沉重的代价，他们永远在算计，永远在焦虑，永远在担忧。他们无法安静地活着，也无法从容地做事。他们获取了财富，却违背了自己的内心，一时一刻都不得安宁。

阿莫斯·劳伦斯，这位来自波士顿的大商人总是把这句话写到自己笔记本上，当作座右铭——"品格比财富更珍贵。如果一个人的灵魂迷失了，就算得到全世界，又有什么价值？"

在和约翰·布莱特聊天时，一位财迷洋洋自得地说："您一定难以想象，先生，我现在有一百万身家。"

布莱特对这种腔调和态度十分反感，可他仍然保持了自己的风度："您错了。我完全想像得到，而且，我还知道，你也就只值这么多钱了。"

一个人的真正价值是没法用金钱来衡量的。一个人到底有多少价值，只有留给生活检验，才是真正公平而精确的。

"一位真正的绅士，无论站在谁面前，都要保持自己的品格。哪怕对方拥有很多房产和土地也一样。因为物质上的富有并不是真正意义上的富有。富有，在很大程度上是纯粹精神上的词，它意味着高贵的品格和无法被任何人收买的贞洁。这样，就算你真的一无所有，至少也比那些性情卑劣的人更富有。"

亨利·比彻说："世俗意义上的成功意味着什么？是人们能够控制生物性本能，让自己只服从于高级的感觉并提升品格吗？是人们能够像藤蔓一样，让自己接触到丰富的精神领域吗？是人们能够很好地培养自己的品味，欣赏所有美丽的存在并从中得到精神上的愉悦吗？是人们能够最大限度地发挥自己的理解力，努力学习知识，积累智慧吗？是人们能够增强道德感和敏锐度，上升到神的层次吗？都不是，肯定都不是。一般来说。这种成功，会意味着人们的心灵、思想和情感变得日益僵化，在他们身上，唯一还存在的东西就是关于感官的因素。因此，这样一个人，他的身价最多也就只有五万美元！"

"世俗意义上的家庭破败又意味着什么？是一个男人永远地失去了他的妻子和孩子吗？是他的妻子和孩子离开他，去了另外一个地方吗？是他因为犯罪而名誉扫地或者因为愤怒而丧失了理性或者被疾病缠身吗？不，都不是。大多数人认为一个人'家庭破败'，只不过是因为那个人破产了。其实，如果真的这么想，可就真是大错特错了。毕竟，在大多数时候，财富的多少并不能决定一个人的精神状态，更不能决定一个人的生命价值。"

一天深夜，一个可怜的商人垂头丧气地回到家，对他的妻子说："天，完了，这次全完了。我破产了。我们的一切都已经属于法院了。"当然，一开始，这女人有点意外，可是，很快，她就微笑着问自己的丈夫："一切？你是说，法院会把你卖给别人做奴隶？""开什么玩笑？当然不会。""那么，你的意思是，法院会把我卖给别人做奴隶？""不可能，这不会发生。""既

高贵的个性

然如此,你的一切又是指什么呢?虽然我们失去了一点财富,却没有失去最有价值的东西——我们都在,孩子们也很好。只要一家人都好,而我们的能力和品格还没有受损,为什么不能重整旗鼓,努力去创造另一份财富呢?"

这个妻子无疑是明智的。任何一个家庭中,只要有这样一个人存在,光芒就会永远笼罩着他们。只要这个人能够认识到——家庭中真正的财富是家人和家人之间的爱,以及头脑、心灵和灵魂,即便他们不幸失去了所有财富,地位一落千丈,不得不暂时艰难度日,只要拥有这种光芒,总有一天,他们的境况会好起来。谁愿意除了金钱一无所有呢?谁不愿意使自己的品格变得高尚起来呢?人生在世,重要的是要做几件有意义的事。那些能够为人类文明做出贡献的人,即便一生穷困潦倒,难以维生,在离开人世之后,也一定会受到后代的敬仰和崇拜。这才是真正的富有,因为他促进了人类的发展,体现了这个种族的高贵品质。

每个人的富有都体现在不同方面。有些人比较重视健康和快乐,他们也确实拥有它们,因为他们总是表现得活泼愉快,笑容满面。任何困扰和麻烦在他们这里都难以长久。有些人则不一样,他们比较重视朋友和家庭,不管走到哪里,他们都容易受到欢迎,谁都喜欢这样的人,因为他们懂得应该如何和人们交往。还有一些人,他们比较重视事业,是天生的领导者,他们擅长影响别人,鼓舞别人,给予别人以精神上的力量。因此,人们总是喜欢靠近他们,从中得到快乐和平和。

财富,尽管是人们通过艰苦奋斗赚到的,可是,如果和智慧、知识、品格，这些人类最宝贵的东西相比，代表着财富的一堆又一堆金钱又能算什么？如果一个人想获得非凡的成就，他更需要增强自己精神的力量，而不是费力去寻找一些物质的力量。只有道德和知识可以完全影响一个人甚至改变一个人，因为它们是人类发展过程中日积月累形成的。也正因此，它们的力量要比财富的力量大得多。

很多伟大的人物，比如菲利普斯·布鲁克斯、梭罗、爱默生这些人，他们活着的时候，都谈不上有多少物质财富，但是他们都是富有的人，因为他们懂得如何享受生活，无论何时，如果一个人只想生活，从来不需要花费太多钱，大部分风景都是免费的。独到的眼光敏锐的视角则可以引领他们从最普遍的自然中感受到最美好的东西，从花草中，从田野中，从溪流中，从石头中，从森林中，他们毫不费力地感受到美的气息，并从中吸取力量，就像蜜蜂在花丛中采蜜一样，又像一个干渴的人遇到了绿洲。最重要的是，他们在得到这些美的享受之后，还可以将它们提炼、浓缩，再把成果分享给更多的人，让人们也可以感受到他们感受到的一切，这就是他们的使命。

洛威尔说："对于一个国家来说，什么是成功？只有在思想、品格方面满足人们的需求和渴望，引领人们净化精神和灵魂，带给人们智慧和快乐，它才是成功的。"

说了这么多，大家应该都已经明白了什么才是真正的财富，接下来，我们应该明确的是，要尽量养成节俭的习惯。也就是说，我们先要赚到足够养活自己的钱。为了达到这个目的，就

要先去找个工作，再保证每天的工作量，一周工作六天，在这之后，为了抵御意外和不幸，我们还要适当地存一些钱，以求经济独立，不欠外债。最后，我们需要虔诚地保持节俭并时刻准备向他人伸出援手，不贪婪、不说谎、不偷盗。

　　作为年轻人，想要得到更好的生活，就要树立正确的价值观。生活中处处充满诱惑，如果不能很好地分辨这些诱惑，只被一些表面的东西迷惑而忽略了事情的真正价值，就很难管好自己的金钱，就很容易染上挥霍浪费的恶习。在工作中也是一样，很多工作都具备自己的特色和吸引力。面对它们时，很少有人能迅速做出选择，但是，如果不停犹豫，就会错失良机。一个真正了解自己的人一定明白自己最适合干什么，并会尽快找到适合自己的位置上，好好工作也好好生活。

　　很多年轻人都缺乏判断力，自己的一举一动总会受到周围人的影响。他们很少知道自己想要什么，只知道别人想让他们做什么。例如，努力奋斗本身没错，可是，如果努力奋斗只是为了出人头地或者腰缠万贯，那就未免有些肤浅。与努力赚钱、努力提高自己的地位相比，他们更需要认识到，衡量一个人是否富有，标准并非只有金钱。竞争是异常激烈而残酷的，不是付出努力就有回报，有时候，你拼尽全力，最后依然失败了，并不是因为你的能力有问题，只是因为缺少了一点机遇。你需要做的，只是整装待发，奔向新的未来，而不是坐在原地怨天尤人，怀疑人生。

　　朱利娅·豪说："情况还是乐观的。因为现在的年轻人已经逐渐明白，成功就是能过上有价值的生活。这种生活和物质无关，贫穷还是富有，生活条件优厚还是稍差一点，对生活本身不会有太大的影响。最重要的是，在生活中，人们要时刻保持谦卑的态度、纯洁的灵魂、正直的性格，并乐于帮助他人。只要有这种想法，并一直坚持下去，就一定能获得真正意义上的成功。"

"如果一个人的成功只是为了自己，而不是为了使全人类生活得更加美好，这种成功绝对是一种变相的失败。"弗朗西斯·威拉德说。

时代越进步，物质力量越强大，越少有人能够在忽略物质的基础上，依然保持一颗正直真诚的心灵，并时刻按照心灵的指引去行动。但是，这样的人总会存在，并且，正是因为稀少，他们才是真正的伟人。他们乐于追求荣誉而不是金钱，乐于获得精神上的奖励而不是物质上的补偿。他们平时只是安静地做一些平凡的工作，却一直在孜孜不倦地追求更高贵的事物，为此不惜花费自己几乎全部的时间与精力。

菲利普斯·布鲁克斯说："行善并不是件难事。只要一个人愿意，他可以很快拥有优雅、美德和与之相应的财富。"

"品格的力量有多强大？想要知道这个问题的答案，大可以假设人类历史上从来都没有出现过弥尔顿、莎士比亚和柏拉图，并且，人类从来都没有受到过他们的影响！"

真正的富有是什么？是无论在何时何地，都能温和待人，无私奉献，坦诚处世，并时刻高尚地生活，保持自己纯洁的灵魂。只要做到这些，哪怕我们两手空空，也比一个百万富翁更富有。因为这些难得的品格，是我们拥有的最高贵也最珍贵，并且永远

高贵的个性

都不会被毁坏的无形资产。

一个国家为什么会变得强大?

是因为它的防御工事坚不可摧吗?

是因为它的城堡不可攻克吗?

是因为它的护城河不可逾越吗?

是因为它的高塔直刺云霄或者城市繁华无比吗?

是因为它的港口发达,舰队强悍吗?

是因为它的宫殿金碧辉煌,首屈一指吗?

不,都不是。

重要的,最重要的,是它拥有无数高尚的国民,这些国民身上,闪耀着如金子般的品格。

第八章 品格与素养是如何养成的

在理想状态下，站立的雕像总是呈现出一种对称的结构，否则美感会减弱，连稳定性也会受到影响。同样，人立于世，也要努力追求理想的品格，应该明确自己的理想，锻炼自己的品格，约束自己的举止。

一首歌曲之所以好听，是因为里面蕴藏着纯洁的灵魂和广博的思想。

一个雕塑之所以好看，是因为雕塑家在创作时投入的热烈的情感。

一幅画之所以能打动人心，是因为画家借着它表达了自己的梦想。

洪堡认为："每个人都应该努力使自己的品格进入高尚的境

界，要完成这个目标，需要发展自己的力量，并懂得如何平衡它。"

有时候，要培养理想的品格，无须精确地分析别人，或者刻意关注自身，只需要简单坦诚地生活，它就会自然而然地显现。生活是最简单又最复杂的艺术。它看似平凡，想要做好，却要比任何绘画、音乐都要难。所以，我们需要认真去学习。

画家在作画时，总要先找一个重点。它是整幅画的中心，其他所有元素都要围着它表现，它们存在的价值不是表现自己，而是衬托它的重要和伟大。人也是这样一种存在。当这种伟大的生灵被上帝创造出来时，就已经奠定了不可逾越的地位。人是宇宙的中心，万物的灵长。就像人们总希望出现一个完美的人，一个无懈可击的人一样，大部分人也总想得到最美好、最无忧无虑的生活，只可惜，一直到现在，这种愿望虽然一直在发展，却始终无法完全实现。

阿佩利斯曾经去希腊学习绘画。最后，他掌握了一项高超的技能，就是在不同的人物像上着重刻画某个特定的部位，作为这幅画的点睛之笔，比如说，眼睛、前额、鼻子，甚至神态和动作。后来，他在描绘一幅美女图时，利用高超的绘画技巧，把美女身体的每个部位都刻画成点睛之笔。现在，这幅美女图已成为流芳千古的经典作品。画里的女人神情非常传神，几乎能让全世界都为她倾倒。这个故事可以说明什么呢？一个优秀的人不是单一个性的体现，而是不同个性与优点的混合体。他懂得向外界寻求帮助，吸收别人的优点。他津津有味地搜集着他人的美德，并努力让它们变为自己的美德。他具备独立的思想、平和的心灵，他追求自由，不畏强权。他也具有敏锐的感觉，可以在第一时间对外界变化做出反应。哪怕只是一粒小得不能再小的花粉，他也能感受到它的快乐和忧伤。

"你见过雕塑家是如何雕刻的吗？他不停地移动刻刀，在坚硬的大理石上留下印记，将一块本来毫无生命的石头变得神采奕奕，生机勃勃。但是，这所有的工作不是在一瞬间发生的，也不止是简单地重复几个动作就可以完成，而是一个相当缓慢而复杂的过程。如果没有经过必要的工序，投入大量的精力和时间，就无法雕出令人足够满意的作品。"一位雕塑教师这样说，"其实，在品格的塑造上，和雕塑极其相似。绝大多数事情都如此，很少能一蹴而就。想把一件事做得完满，需要周密的计划，也需要随时进行改进。"米开朗琪罗就是这么做的。曾经有一位评论家这么对他说："你说你已经改进了你的作品，可是，到底改了哪里？我完全没有看出来。""也许是不太明显，不过，我确实已经做了改进。比如说，我使嘴唇变得更柔和了，并把那里磨光了，还使那块肌肉的线条变得流畅，并且小小地修改了一下腿部的动作。""果然，你改的都是一些微不足道的小细节。""是的，那确实都是细节，可是，想要达到完美，就必须重视细节。您总不会也认为，完美是微不足道的吧？"

很多时候，米开朗琪罗会花费不止一星期去修改一小处肌肉，只因为他忠诚于艺术。格拉德·道也是这样。有一位荷兰画家，为了能把露珠落在叶子上的情景表现得活灵活现，他不惜花一整天时间去观察。毋庸置疑，这些都是小事，可正是这样一些小事决定了失败或者成功。

有这样一个人，他把一块美丽的大玛瑙带给他的艺术家朋友，想看看有没有什么补救的措施，因为玛瑙上有一块非常明显的铁锈痕迹，正是这块污渍一样的东西使这块价值连城的石头失去了它原本该有的价值。但是，这位艺术家却改造了它。他借助瑕疵的形状，把一个女神的形象雕刻在这块玛瑙上，大大提升了它的身价，甚至比它原来的价值还要高一些。这证明了发现美的眼光的重要性。只要随时保持平和的心态，愿意观察和发现，哪怕是从一件残次品身上，你也可以感受到艺术与美。

从身边的生活中寻找美与艺术，是所有年轻人都应该学会的技能。我们只有注意到美与艺术的存在，才会把它们融入行为中去。随后，我们的思想会变得活跃，想象力也会得到长足的发展。如果持之以恒，圣洁的乐声会在我们灵魂深处奏响，无论走到哪里，都能发现真善美的踪迹。在这种情况下，生活将变得有趣而美好，爱与力量也将时刻环绕在我们周围。

如果你时刻不忘追求美与艺术，追求和谐快乐的生活，那么，不管你做什么工作，就算你的工作和艺术一点关系也没有，你也会像一个艺术家那样高尚。这种追求和心境让你的人生更加丰富多彩。当然，这种追求要是自愿的，而不是被强迫的。谁都知道，如果一个人不愿意做一件事却不得不去做，那么，就算他勉强做好了，心里也会积压强烈的不满。相反，如果一个人愿意做一件事，并且同时具备发现美的洞察力，那么，他就能体味到工作中的美与乐趣，进而更加努力地完成这项工作。工作都是平等的，决定我们工作质量的，不在于工作本身的性质和众人的口碑，而在于你对待工作的心态。当一个人带着开拓、冒险的精神去开垦土地、建造房屋时，这种行为比社会团体的机械劳动更加具有史诗的力量，更加鼓舞人心。

可是，在如今的环境中，这种力量越来越小，人们只关注金钱和商品，对别的价值漠不关心，哪怕大自然的美和艺术无处不在。爱默生曾敏锐地指出，大部分农夫只能看见他的劳动工具而看不见别的东西，正因此，他们的价值仅限于农夫，而不是一个完整的独立的人。

生活从来都不吝啬。只有对吝啬的人来说，生活才是吝啬的，对慷慨的人来说，生活一向都很慷慨。我们伟大的造物主创造了人类，又为人类安排了舒适的生活。他在我们通向未来的道路上铺满宝石，又在道路两旁以鲜花作为装饰。在天空中，他放置了闪闪发光的星星。他尽可能为我们创造良好的条件。我们不仅拥有世界，还拥有日月星辰等一系列优美而伟大的事物。我们的生活无时无刻不充满着意义，否则，睿智的造物主不会花如此多的精力来创造这一切。

我们脚下的土壤里含有非常平凡的物质——粘土、沙子、碳和水。但是，罗斯金告诉我们，如果人们愿意努力，可以把粘土烧制成精美的陶瓷，摆到王宫中，至于沙子，也可以被烧制得坚硬洁白，最终变成玻璃，装饰千家万户。碳在一定条件下可以转化为珍贵的钻石。而水，可以变成晶莹的露珠、洁白的霜和轻盈的雪。即使最平凡的生活，只要你带着一颗真诚、仁爱与纯洁的心，也能将这些平凡之物幻化为你心中甚至手心的珍宝。

　　这就是品格的力量。它来源于人们心中的思想，眼中的审美，口中的语言，身体的行为，它影响我们的气质，并最终决定我们成为什么样的人。

第九章　将品格作为首要职责

"从个人角度出发，人类终其一生，追寻的最高目标应该是品格。"著名学者穆勒说，"尽管生活的环境作用于品格养成的过程，但是，我们也应该主动尝试改变周遭的环境。"

南北战争时期致力于人类平等和废奴运动的政治家查尔斯·萨姆纳在离开人世之前，留下了这么一句名言："品格就是一切。"

加菲尔总统在小时候就意识到这样一点："最重要的是，我必须让自己作为一个人而存在。假如我连这个都做不到，任何成就都不会光临我的人生。"

卢梭曾写道："大自然所赋予人类世界的规则，就是人生而平等，而赋予人们共同的职责，是用人性充实人生。假如所有受过高等教育的人们都能意识到要将完善人性作为自己的首要任务，他们定会顺利完成这个任务。对我来说，最重要的事情绝不是我的学生将来从事何种职业。其实，只要他们时刻不忘完善人性，那么，他们成为一个士兵，或者在酒吧工作都值得骄傲。早在我们为自己定下未来的设想时，大自然就早已告诉我们身为人的真正任务是什么。我唯一能够传授给学生的是对于生活的态度，也就是说，在他们决定自己将迈向哪个行业、领域之前，让他们学会承担起这份责任，成为一个真正的人。命运充满未知，职业可以随时变换，但是，作为一个人而存在的责任则会伴随他们一生。"

正如莫克森博士想告诉我们的事实：在生活中，最重要的成就不是拥有锦衣玉食，更不是拥有多么高贵的地位，而是我们生而为人，以怎样的品质生存于世。每个人在生活中的一举一动，做出的每个细微的行为，都印证了这个人内心深处的品质。

正如约翰·斯图亚特·穆勒所说："从个人的角度出发，人类终其一生，追寻的最高目标应该是高贵的品格。在任何情况下，当我们树立了高尚的品格，就会感觉到真正的快乐，无论是感官上还是精神上。因为，在感官上，人们将感受到愉悦，从而忘记肉体上的创伤。而在更高级的心灵感受上，人们将超越平庸而碌碌无为的状态。与品质为邻的生活，才是人们梦寐以求的生活。"事实上，很多人也确实正在追寻着这种生活。

"尽管生活环境作用于品格养成的过程，但是，我们也应主动尝试改变周遭不好的环境。正如自由意志学说中传达出的理念：我们必须建立坚定的信念，坚信自己能够实现目标。当我们拥有这种信念时，我们将具备塑造自己品格的力量。即使环境发生改变并试图作用于我们，坚定的信念也可以通过改变习惯来帮助我们抵挡环境的改变。"

只有通过不断地选择，再不断地丢弃，我们的品格才能真正确立。在生活中，我们总会寻觅心底最渴望和最迫切需求的事物。我们像昆虫选择喜欢的植物和树叶进食一样，从我们的内心和头脑中选择出喜欢的事物，再用它们灌溉自身。生活中发生的一点一滴，一个动作，一句话语，每一个瞬间都被我们记录在头脑与心间。

比彻曾说："一朵花上沾满了露珠，另一朵花上却空无一物。那是由于一朵花含苞盛放，将露珠也包容进去。另一朵花却紧闭花苞，因此露珠也只好默默离开。"

当我们为未来描绘出蓝图时，这些精心描绘出的未来的轨迹也赋予了未来一种特性，我们未来的发展在描绘出的蓝图上亦是有迹可循。当一个人的未来蓝图一片暗淡，充满了悲伤和犹豫，他的未来也难以绽放光芒。对于未来的描绘，展现出了一个人的内心。

"在我们心底呼唤着我们的，"罗伯特先生说，"并不是简单的对于物质的欲望和需求，而是让生活以一种高尚的姿态运行的追求，这种追寻如同人类追求水，追求光，追求食物一般来源于本能。"无论是谁，能够满足这种追求都是一件值得歌颂的事情。

当一个人总是保持勤恳谦虚的态度，而不是对人对事浮夸时；当一个人能够做到一诺千金，而不是到处轻易许诺时；当一个人能够在每一次约会时都保证按时抵达，给予别人的时间同样的尊重，而不是毫无时间观念时；当一个人能够珍惜自己的名声，坚守着高贵的品格，而不是任由虚伪和低俗侵蚀自身时，当

他在生活中确实做到这些后，人们的信任便会蜂拥而至。

我们已经具备了一些品质的种子，可是，在时间的灌溉下，它们究竟会长成何种样子呢？事实上，正如我们永远无法预测小小的幼苗是会盛开幼小又美丽的花朵是否会长成让人仰望的参天大树一样，我们的未来也不能预测。我们唯一能做的，就是决定自己种下什么样的种子，然后用自己的行为去灌溉它，让它在我们的努力中，按照我们的设想生长。

我们所接受的教育的根本，就是品质的塑造，我们能够从生长茂盛的大树上获得上好的木料，用它们建造钢琴、家具、雕塑；我们能够从被肥料滋养的农作物上收获丰盛的果实，满足生活所需。但是，树木、农作物都必须生长得足够好，这一切才能实现。人类也同理，我们借助教育，通过成长过程中所经历的事物去滋养孩子们，使之长大成人，这个过程正是让孩子们变成优秀人才的过程。成功如同白驹过隙，转瞬即逝，人们的道德和品质却在不断积累中得到提升、日益高尚。

"眼泪在这个世界弥漫，"小仲马说道，"有人能够将我们从悲伤中解救出来吗？我们迫切希望这个人出现！"请不要有这种念头，也不要长途跋涉去寻找。能够拯救世界的就是你，也是我，是这世间的每一个人。如何成长为一个能够拯救世界的人呢？最重要的是要有坚如磐石的意志力，坚信自己能够实现理想。当我们不相信能够实现目标时，自然容易失败，然而当坚定地相信自己能够成功时，这就变成了一件可行之事。"

第五篇
抵御恐惧的威胁

第一章　恐惧的破坏力

人类心中所有的雄心壮志，所有的勇气与毅力，所有使之前进的东西，在面临恐惧时，都会烟消云散，没有人能说出恐惧到底给人带来了多大的损失！

在生活中，处处都能看到人类的敌人。人们通常认为那些可恶的敌人是硝烟弥漫的战争，是带来伤痛的疫病，是让人难以忍受的饥饿，又或是人生的终点死亡。可是，真的是这些吗？不，我们面临的最可怕的敌人，其实是恐惧！恐惧是滋生出一系列罪恶的土壤，它使人们变得怯懦和软弱！

当恐惧充斥于我们内心，伤害着我们的身心。一个内心充满自信感的人会不断从外界汲取能量，奋发向上，但是，当他内心滋生恐惧时，他将如同低落的尘埃一般丢失自我。我们面对的困难太多了：贫穷、失败、受伤、疾病、自然灾害、战争，等等，一旦想到这些，我们的脑海中就会突然产生莫名的力量，让我们开始幻想不幸和灾难。而且，我们坚定不移地相信，这些不幸即将降临在自己身上，身边的人将会伤害自己，机会和成功也将远离自己，人生只剩下泪水，时时刻刻都会担惊受怕。当真正陷入这种状态中，整个人都将游走于疯狂的边缘。

上帝在造人之初，是为了给这个世界一个统治者，这个统治者可以战胜一切不利因素，不断繁衍下去。奇怪的是，即便如此，人类一旦面临恐惧，就会溃不成军，陷入阴郁和消沉。更奇怪的是，大多数人并没有意识到这个可怕的问题：恐惧，这个如此强大的敌人恰恰诞生于我们自身，是我们的想象力使之出现于世间。这个由我们自己制造出的敌人也理应由我们自己消灭，离开了我们的想象力，这个敌人也将在世间消失。

当恐惧出现于心间，只要我们乐意，完全可以通过自我思想的调整来打败恐惧，将恐惧感从身上剥离。事实上，这个过程并不难。恐惧感只存在于我们自身，别人无法触碰。或许正是因为别人的经历，才会使我们产生恐惧的感觉，但是，究其根源，这种恐惧来源于我们内心的动摇，正是这种动摇才给了恐惧可趁之机。假如我们的大脑没有接收一件事情，这件事情自然也无法影响到我们。环境无法使人直接产生恐惧。在所有情境下，只有我们内心动摇，主动打开自己的心门，愿意给恐惧留下一片供它生长的土壤，它才能占领我们的内心和头脑。只要我们紧闭这扇门，无论什么情况都不会影响我们。我们是自己的主宰，我们可以自由地欣赏、喜爱的事物，厌恶的则可视而不见或丢弃。我们是守门人，能够将所有使我们变得消极和不幸，带来恐惧的事情

都牢牢关在门外，只迎接那些给生活带来幸运和力量的事物。

很多人的经历告诉我们，恐惧很顽强，一旦它越过大门，走进我们的内心世界，我们就很难将它赶出去。无数人长时间饱受恐惧的折磨，它在这些人身上牢牢扎根，无时无刻不在汲取着他们的精力，以至于那些人的一举一动都会被恐惧掌控着。

那些在苦海中挣扎的人们并不明白，为什么他们的人生会被桎梏。他们更不明白恐惧所带来的一系列伤害，它使成功、欢乐都远离我们，使得我们丢失人生的目标，使得我们离死亡越来越近，使我们丢弃了内心的自由，这种情况下，我们前进的步伐将会越来越慢。

假如你是一个内向、细腻、敏感，并且深受恐惧折磨的人，当你必须在三个月之后进行一次重要的演讲时，无尽的焦虑感、不安感将缠绕着你，紧紧勒着你，让你无法呼吸。于是你开始担惊受怕，每一次秒针的划过都令你的恐惧感不断加深，这种恐惧和不安逐渐累加，随着时间的流逝不断加深。直到你终于迎来了演讲的前一天，那个夜晚你在床上辗转反侧，失眠困扰着你，任何食物也无法勾起你的食欲。你想尝试着逃脱这种境遇，但是无论怎么做都没法改变现状。你一遍一遍尝试着想象自己演讲失败的场景，想象着所有可能会出错的可能，想象着自己的家人和朋友因为你的失败而感到羞愧。你在精神上经历了炼狱一般的生活，你在这些无穷无尽的想象中一遍一遍地遭受鞭打，难以招架。

当我们将恐惧感引入内心时，就难以避免这种结果。这是我们无法阻挡和改变的必然结果。但是，当我们迎接勇敢进入心中，憧憬着成功的发生并且不断努力时，自信感也将如影随形填补我们的全部生活。

脑子里幻想着种种失败的场景，却期望能取得成功，这是多么荒谬的一个想法啊！当我们在现实世界中孜孜不倦地努力，希望能够获得成功时，脑海中浮现的却全是我们失败的场景，为什么要幻想自己所不希望的事情发生呢？我们所希望的实现理想，获得成功和财富，都需要遵守一条准则，即我们心中所幻想出的将要发生的事物，也会引领我们向着它一步一步迈进。简单地说，当我们幻想自己能够抵达成功彼岸，收获财富时，我们也正朝着获得成功的道路走去；当我们幻想自己将会遭遇不幸时，即便为成功付出了很多努力，也会朝着失败一步一步走去。这就是恐惧感狡猾的真面目，它就像农田里飞舞的蝗虫，会将我们生活的动力毫不留情地啃食干净，让人们不敢踏出获取成功的第一步。

人类心中所有的雄心壮志，所有的勇气与毅力，所有使之前进的东西在面临恐惧时都可能烟消云散，没有人能说出恐惧到底会给人带来多大的损失！一切原本可以发生的美好都被恐惧扼杀了，我们所梦想的事业将再也无法实现！在恐惧的攻击下，那些追求梦想的勇气，连同心中的期望都将轻易流逝。

正是自身的无知促使了恐惧的诞生。人无完人，我们自然也无法将思想树立在神圣的高度，所以恐惧就有了存在的可能。但是，我们一定要坚信，我们所发挥的能力只是我们身体内很少一

高贵的个性

部分,在我们心中,一直还隐藏着巨大的潜能,等待我们挖掘。

我们总是忘却了成功与能量之间的关系,本来,失败应该在这世界毫无容身之处,我们却对失败产生了恐惧感。正如同我们常对疾病产生恐惧感,因为担心自己所拥有的健康会失去,事实上,健康不会离开我们,绝大多数疾病都可以治愈。

我们短浅的目光常常只能看到自身资源的一小部分,这才滋生出了对困难和失败的恐惧。如果当我们意识到,我们内心隐藏着巨大的潜能与力量,那么任何恐惧都将不复存在。不管你面临何种困难,请记住,在你的身上,有无尽的可挖掘的潜力,可利用的资源,你就是自信的源泉。

一个年轻人在创业初期,总会面临巨大的资金漏洞以及各种各样的困难,如果有一天,有这样一个人决定支持他,给予他大量资金,那么他目前所遇到的一切困境都将烟消云散。他不必因为资金上的捉襟见肘而每夜辗转反侧,不再担忧自己面临失败破产的境地,也不再羞于面对债权人。

我们总是忽略这样一个事实,我们掌握着大量的能量和资源,这些能量和资源并不会随着时间而减少,每一次使用之后,都会有相应的能量和资源补充进来,我们所需要做的只是合理使用它们。恐惧感只是来源于我们的臆想,当我们坚信自己能够应付所有情况时,恐惧感自然也将消失。我们也会如同那位年轻人一般,明白有一种强大力量正在支撑自己,这种力量使我们足以应对每一次冒险。

所有人都希望自己能够收获比现在更好的生活,物质生活更加富足，精神品质更加高尚，处境越来越舒适，自己越来越优秀，快乐也越来越多。假如我们已经被恐惧感征服，我们将不再具备实现这个目标的能力，对于未来的设想，也必将充满了胆怯和畏惧。

当我们发现自己拥有强大的力量，能够帮我们抵御外部的攻击和侵蚀时，自然拥有勇气面对世界的狂风暴雨，不再心生恐惧。当拥有了这种信念，恐惧感也将远离我们的生活，我们将带着自信扬风起航，怀揣着勇气与希望，迎向未来的生活。

高贵的个性

第二章　面对失败的畏惧

失败总是躲在黑暗的角落里，静悄悄地等待着人们的出现，人们畏惧它，害怕被它缠上。一旦与它相遇，自己积聚的所有积极情绪都将消失，随着恐惧的到来，怀疑也悄然而至，勇气随之丧失，整个人变得脆弱不堪。那些认为自己将迎来失败的人终将失败，而坚信自己成功的人则能收获成功。

具备自信感的人和不具备自信感的人所做的事情存在着巨大的差异。那些信念坚定的人怀着使命感建造起文明，而那些总是被失败的念头纠缠着，不相信自己能完成任务的人，成了人类文明建设的最大阻碍。

当我们面对失败时，心中所诞生出的恐惧和懦弱会使我们内心某些宝贵的品质丢失。由于这些品质的丢失，我们将无法完成更多的任务，达成自己的目标。正是这种特质决定了我们成功还是失败，也成就了人与人之间的差异性。所以，那些原本应当竭尽全力却最终因为害怕失败而只愿意踏出一小步的人们，最终走向了失败的道路，沦为平庸者。

在硝烟弥漫的战场上，一位士兵向上司汇报军队撤退情况时，被军官训斥道："我们的军队一定会迎来胜利，被打败的是你个人而不是军队。"当脑海中总是出现自己将要被打败的念头时，敌军也能够轻易击破你。而那些充满自信感，坚持自己信念的人会首先占据成功的高地。

与恐惧相关的心理问题一直困扰着我们：当一个人不相信自己能够抵抗打击，当一个人不相信自己能事业有成，当一个人不相信自己能够战胜失败，结果也正如他们所想一般失败了。一方面是由于产生的负面情绪影响了自身，另一方面则是由于这些负面情绪具备传染性，也会影响到身边人对他们的信任。

如果一个销售人员在制订计划时，眼中看到的只是灰暗的迷雾，绝不能收获成功，更不可能得到客户的信赖而收获大笔订单。只有保持着自信的态度，随时恭候客户的光临并且努力付出的销售人员，才能迎来成功的曙光。很多销售人员犯的最大的错误，就是在他们迈向客人的第一步之前，就被恐惧打败了，这也导致了他们不信任客户，不能有效地跟进，最终导致无法完成订单。

那些总是觉得会误点或者错失什么事物的人们，那些总是担心事情将走向失败的人们，那些提心吊胆被恐惧折磨的人们，当负面情绪开始不断堆积，他们也终将走向失败的境地。当恐惧感在心中如杂草疯狂生长时，这种情绪也会影响着身边的人们。

很多商人由于心中不断生长的对于失败的恐惧感，在重重压力下最终崩溃了。这些商人中，不少人拥有极好的公司，只是在资金上准备不足。在经济发展时期，他们获得了阶段性的胜利。但是，一旦面对经济萧条时期，由于对商业缺乏敏感度、洞察力以及自身缺乏的自主性和执行能力，最终走向了失败的深渊。

狡猾的失败在无数的办公楼前游荡着，它们搅乱了商人们平和安稳的心态和睡眠，无论在精神上还是肉体上，它都竭尽所能地去伤害他们，使那些商人们在面对任何机遇时都仍旧是一副精疲力竭的姿态。

失眠的苦楚困扰着许多人，他们整夜整夜地无法入睡，他们的脑海被失败带来的恐慌感塞满，他们任由消极情绪在自己身上肆虐。一直等到白天来临，这种痛苦也依然残留在心间，即使他们努力解决着工作中遇到的所有问题，夜晚依旧由于恐惧而辗转反侧，难以入睡。

我们都希望自己能够永远保持自信、勇敢果决，但是，一旦到了夜深人静的时刻，负面情绪就会突然涌入我们内心，使我们充满焦虑和不安，持续扰乱着我们的思绪。我们当然不希望将自己懦弱的一面显现给别人，可是，一旦到了夜晚，我们就会丢失了坚守的心，在安静的夜晚给失败侵入我们的可乘之机。

失败就像是一只狡猾的剧毒蜘蛛，它结出了未来悲惨图景的网，诱惑着人们靠近它，一旦被网缠上，可就糟糕了！那些网永远摆脱不掉，时时刻刻包裹着我们。

我们当然希望自己在白天无时无刻不保持着轻松快乐的状

态，更不希望夜晚充满了焦急和不安。但是夜晚就是有一种魔力，让我们的心灵变得更加脆弱。一旦夜幕降临，我们的想象力就会如同喷发的火山一般，源源不断地涌出。所有让我们觉得悲伤、忧愁的事情，所有让我们觉得难堪、屈辱的事情，所有让我们觉得不幸和折磨的事情，总会被夜晚的这个放大镜无限放大。所以，在夜晚，不要为自己增添烦扰，应当主动避免考虑那些事情。在下班之后，我们应该更加自由地去享受家庭社交所带来的愉快感受，在那些娱乐活动中放松身心，至于我们的卧室，更应该成为这种思虑的禁地，任何担忧和恐惧绝对不能够出现在这里。要学会好好享受睡眠的乐趣，在睡觉的过程中得到身心愉悦，把对失败的焦虑和不安通通关在心门之外，尽情享受夜晚的宁静。

很多人将他们的休闲时间也过成了那些充满焦虑的夜晚，原本应当带来舒适的安逸时刻全被紧张和焦虑填补满，原本应该收获积极向上的力量却被焦虑所隔绝。当人们在休闲的时候都无法得到安逸和舒缓时，精神自然会产生压迫感而变得越发敏感，这时候，只要一点风吹草动都会招来他们的抱怨，他们的专注力更是大打折扣。无论眼前出现多么美妙的景色，这些人都毫不在意，在他们眼中，整个世界都充满了危险，只剩下一片灰色，这使他们根本无暇顾及生活中那些美好的瞬间所带来的欣喜与感动。

假如我们能够丢弃那些并没有任何意义和价值的压力，不在过往所犯下的失误以及对未来的焦虑中流连该多好啊！真正将自

己的心释放，拆掉所有束缚我们的枷锁，接纳勇敢、信心、果敢、积极入驻。但是，当我们还没办法做到这一切时，尽管想要躲避失败的困扰，仍旧感觉到巨大的压力，这种压力所带来的痛苦则成了我们前行路上的阻碍。

假如恐惧感已经渗进身体的每一部分，并且要时刻面对未来可能发生不幸的压力，这是多么可悲的人生啊！怀揣着这种心理的时候，切记不要尝试在人生路上迈出一大步，没有理智和积极因素推动的决定，很可能会引导我们走向万丈深渊。

在我认识的人中，很多人都陷入了一种对失败的恐惧中。在这种心理的推动下，他们甚至以低价售卖了一些非常好的生意或项目，对失败的恐惧让他们对这些生意充满怀疑。但事实呢？那些没有恐惧感的买家则收获颇丰。

很多人在生意上只要遭遇一点意外，整个人的状态就会变差，就像是一个雪球引发了巨大的雪崩，他们为了阻止内心失败的预感，会做出一些自以为有效的措施。他们不会选择用积极的态度和更加努力的行动应对这一切，而会尝试摆脱这一切，总觉得做任何事情都是徒劳无功，展露出懦弱的一面。生意的运行需要精心的呵护，恐惧感所带来的一系列负面情绪，会使得我们的生意变得一团糟，原本有利的想法和行为也会被自己放弃。正是由于恐惧，我们工作的效率才降低，我们对于建造一番事业的信心也被摧毁，甚至我们的大脑也因为这种恐惧感而变得一团混乱。

充满恐惧的土壤盛开不了任何鲜活的思想。一个人面临着恐惧感的威胁，他们的思维将会逐渐僵直，那些创造的源泉也会逐渐干涸。恐惧感有着惊人的破坏力，你所做的每一个决定和判断都将受到它的影响，慢慢偏离理智和正确的轨道。恐惧感还会教导人们将所面对的事情最简化，用一种懒惰消极的态度去应对，它教导人们避开困难，而不是迎难而上，也不会对现有的局面做出什么抗争，而是择做一个安安静静的懦夫。在恐惧感的影响下，我们在战争中丢盔解甲，选择当一个逃兵，这样的举动对我们的人生毫无疑问没有任何意义和价值。

当我们被恐惧感紧紧扼住喉咙，那些身体里巨大的潜能也将无法激发，精神和身体变得十分疲惫和虚弱。在恐惧感的阴影下，我们的思维将无法正常运转，工作效率也会大大降低，自然会离失败越来越近。

恐惧感所带来的负面作用之一就是怯场，对于失败的恐惧造成了大脑的停滞，很多顺理成章、力所能及之事，因为大脑停滞而走向了不利的方向，很多演员的人生轨迹不正向我们证明了这点吗？演说家们自然也一样，当他们面对失败的恐惧时，大脑也会停止运转。朱利娅·豪在《追忆往事》中讲述了一个与华盛顿·欧文有关的故事："我曾经参加一个纪念查尔斯·狄更斯的晚宴，在晚宴上，能够看到很多纽约社会名流出席。除我之外，还有很多女士，女士们被要求待在一间前厅会客室里，会客室不大，但是有一扇大门，一打开就能看见那些名流围坐的大桌子。女士们的心情都很好。整场晚宴的组织者是华盛顿·欧文，照例他需要发表一个演讲，以此来欢迎这些赶来参加晚宴的人们。我的耳边却传来人们细碎的议论声，'你且看着吧，他肯定会失败的，他从来都讲不好任何一场演讲。'我看着欧文先生站了起来，面向大众说了两句话。那些坐在底下的朋友们开始热烈鼓掌，希望用掌声向他传递一点勇气。但是欧文先生听到那一阵又一阵的掌声，反而整个人变得窘迫起来，断断续续说了几句话之后，尴尬地说道：'我无法再继续说下去了。'就坐下来了。"

请让我们将恐惧感延伸出的焦虑、不安、懦弱等负面影响所带来的惊人破坏力铭记于心。当这些负面情绪融入我们的心灵会对我们的精神和肉体造成双重伤害，这种伤害在短时间内根本无法完全复原。于是，我们不得不一日又一日地消沉下去，工作能力降低，无法传达出自身的意志，就连快乐也与我们渐行渐远。我们所追求的，应该是一种积极而又高贵的精神，踏实而又勇敢的生活，恐惧感不会对我们有任何帮助，只会一遍一遍压榨我们的精力，让我们与自己的目标背道而驰。

第三章　丢掉贫穷的思想

在很多情况下，内心的负担比眼前的现实给人的压力更大。就像贫穷在我们眼中，可能意味着无法承担对家庭的责任，无法在社会上安稳立足，无法从无边无际的恐惧和自责中解脱出来，这些想法带给我们的压力比现实中真正要面对的物质贫瘠带给我们的负担要大得多！

自尊心是我们人生道路上的重要支柱，因此，当自尊心受到伤害时，我们往往会感受到难以想象的巨大痛苦。或者，就算自己不在乎这些，当一个人因为不能够养活自己的家庭，不能让家人得到很好的照料，被人扣上无能的帽子时，周围人的评论也会让我们感受到相当大的挫败感。如果我们沉浸其中，总是走不出来，整个人就会变得越来越疲惫，双眼也会逐渐丢失光芒。

现今的人们更注重自己在事业上的能力，认为只有事业成功，一个人才是成功的。他们希望自己的头脑永远不停歇，一

直往前狂奔。他们惧怕自己失去工作能力后，会陷入难以谋生的窘境中。实际上，我们当然要尽自己的最大能力承担责任，照料家人，可是，假如我们努力过后，仍旧无法给家人提供足够幸福的生活，使他们得到最大的满足，就需要反思一下——自己是否真的能力不足，之所以会如此，真正的原因，是不是因为自己陷入了他人质疑眼光的泥沼里。要知道，过分看重别人的看法会使我们背负巨大的压力，让我们被迫在心里设下永远也无法打开的枷锁，让我们难以发挥出真实的工作能力。正如在经济大萧条时期，无处不在的恐惧感如同传染疾病一般蔓延开来，对那些在生活中辛苦挣扎的人们来说，这种细密的恐惧感会让他们的生活陷入新的危机。

假如我们不能使家人的生活水平赶上身边的人，心里也会滋生出一种挫败感，自尊感也会受到严重的伤害。这一点在母亲身上尤其明显，所有的母亲都希望自己的孩子能够穿着光鲜亮丽的衣裳，吃着鲜美可口的食物，或者，至少也不能比一个教堂、一个学校的孩子更差。假如不能给孩子提供这样优厚的物质环境，母亲们的自尊心就会受挫。

对于大多数女人来说，假如她们无法穿着自己心仪的新衣服，甚至在公众场合也必须穿着自己不满意的衣服时，她们的自尊感也会遭受打击。如果更不幸的事情发生了——与此同时，她们还遇上了衣着光新亮丽，看起来非常体面的其他人，很可能会在心里暗自难受，并尽量努力避开这些人群。因为在自尊心受到严重打击的同时，她们不想让别人看见自己窘迫的样子，并且，她们会随时担心别人识破自己的想法，并因此心生担忧和恐惧。

贫穷的思想如同磐石般，牢牢地住在许多人心中。这些人对于贫穷的恐惧毫不遮掩地展露在身上的每处地方，让人一眼就能看到。一些人长期被贪婪的想法萦绕，也有一些人不得不沉溺于救济院的噩梦中无法自拔。无论是被贪婪俘获还是长期被笼罩在贫穷的阴影下，这些容易滋生贫穷思想的东西都不利于让人们获得成功和财富。

我认识这样一个人，他工作的时候，总是保持高度紧张的状态，因为他害怕终有一日，自己不得不在救济院生活。担忧的情绪日夜侵蚀着他，恐惧的情绪随时随地困扰着他，它们让他觉得，自己将来很有可能会遭遇很大的不幸。不管怎么拼命工作，不管现在得到多少东西，总有一天，一切都会离他而去，而他对此无能为力。无论他取得什么成就，在救济院孤苦终老的画面都会一直持续在他的脑海中显现，带给他永无休止的焦虑。

其实，如果他一直这样努力工作，并懂得合理管理财富，怎么可能真的进救济院呢？但是，他心中的这种念头却一直将他朝着救济院的方向推去。他未曾真正快活地生活过一天，为了避免进救济院，他拼命地囤积金钱，为此一直坚定地履行着能省就省的生活习惯，实际上，任何人都觉得他那不是节俭，而是吝啬。因为，除非有极其需要的情况，他不会掏出任何钱来改善生活。这种思想并没有把他带向富有，或者说，健康的富有，而是让他坐拥金钱，过得却依然和那些穷人没有任何区别。在这种念头的驱使下，他没有获得更高的成就，反而让他和他周围人变得日渐

疏离，因为他整日怀着担忧和恐惧的念头，每一步都走得小心翼翼，在他身上，找不到任何希望和活力。

将美好的时光浪费在恐惧上，简直是人生最糟糕的一件事，被它们纠缠这么久，真的毫无意义。对未来的恐惧和担忧让我们无法提起勇气对抗前行路上的敌人，它们成了通向成功的最大阻碍和麻烦。除了伤害我们，这些恐惧和担忧能给我们带来丝毫好处吗？答案必然是否定的，因为毫无意义的猜想和由此诞生的恐惧注定不是真实的。如果我们能很好地管理自己，控制自己，一切灾难都不会发生。而这些无谓的担忧，我们应该明白，它们不过是只存在于我们思想里的泡沫，是由我们自己制造出来的泡沫。

很多人都会将人生中大部分时间花在获得金钱，或者求取成功上，对如何创造和维护美好的家庭生活却毫无概念。他们只是每日忙于工作，从来没想过要将自己的家庭塑造成充满爱与温馨的地方。在家人和朋友面前，我们往往只流露出自己的疲惫，却不想献出自己的理解，对于在家庭和朋友关系的维护上，也不想投入很多的时间和心思。这样做的话，最终，我们能够得到什么呢？我们又怎么可能升华自己的生命呢？面对贫穷所产生的恐惧和担忧所带来的一系列负面情绪会蚕食我们的生活，关于贫穷的幻想也会使我们陷入更深的贫穷中。假如面对贫穷时，我们心中只剩下了恐惧和担忧，那么，我们必将逐渐丢失创造未来的可能，心中也不会燃起积极的火焰，激发我们奋进的斗志。

面对贫穷所产生的恐惧一直在伤害我们，困扰我们。很多人被它牵绊住，无法脱身，只能在这种恐惧下饱受折磨。客观来说，这完全是自寻烦恼。我甚至在一些孩子们身上也见到了这种可怕的恐惧感，并且，他们也像那些大人一样沉浸于其中，难以自拔。

假如人类能够坦然面对贫穷，就不会在这种恐惧感中流连，而是能够真正积极勇敢地追求生活。正是因为对于贫穷的恐惧感，我们心中的正能量逐渐减少，那些本可以为我们创造出财富的精力，因为一些微不足道的恐惧感，就在那些无用功中白白耗费了。

如果总是对未来怀有惧怕之意，触目所及，你的人生将只剩下磨难、痛苦、伤害和挫折。为了那幻想中的贫穷，你将耗费一生的精力，而这种耗费不仅不能帮助我们避免贫穷，还会将我们拽向贫穷，在这个过程中，我们一定会丢失生活的乐趣。

我们必须丢弃贫穷的思想，丢弃因为幻想贫穷所衍生出的恐惧。如果不能够摆脱这些，我们将永远与贫穷为伴。假如每天都幻想疾病会跟随着自己，想象疾病随时随地会找上门来，那么，疾病可能真的找上门来了！只有怀抱着乐观积极的心态，坚信自己是健康的，我们才能摆脱疾病这个敌人。同理，想要获得成功，就不能幻想贫穷总是跟随着我们，一定要坚信自己能够拥抱成功，并坚持努力奋斗，才能真正得到我们自己想要的事物。

在脑海中一遍遍地为自己描绘那些不幸的画面，为了可能遭遇的贫穷，认为自己注定摆脱不了贫穷的命运，认为自己晚年会过得无比凄惨，认为自己的人生路上充满险阻，注定不顺利……

请相信我并且请铭记，这些对于我们的人生毫无帮助。正是这种充斥在你脑海中的无意义的想法，让我们的人生路上出现了一个可怕的敌人，让我们丧失了照顾好身边亲人的能力。如果一直这样下去，你的脑海中必将被这种凄惨的想法永远占据，而这种可恶的想法，又会逐渐从你的脑海中走向现实，逐渐夺走生活中所有真实的美好。

假如拥有坚定的内心，拥有对未来的美好向往，再加上卓绝不凡的智慧和行动，我们就一定能够创造出属于自己的美好未来。反之，假如我们被贫穷的思想占据，只剩下对于未来的恐惧和担忧，无休止地担心每一件事情，就会丢失掉生活的乐趣，变得惶惶不可终日。

第四章　未来的希望在何方

我们自身产生的焦虑感真的能够帮助我们解决问题吗？事实上，焦虑感只会像沉重的铁块一般，不断拖累着我们的思维和行动，消耗着我们的精力，让我们变得越来越疲惫直至无法思考。

说到人生，大多数人最关心的问题就是"未来的希望在何方"，很多人因此而变得焦虑而恐惧。是的，未来将走向何方？我们是否能够为家人提供一个体面的生活？我们是否能取得众人眼中的成就？这些问题总是纠缠着我们，让我们反复思索却找不到最终的答案。事实上，这种重复的思索和担忧毫无价值，它只会让我们的精力和活力一点一点流失，最终让我们丢失无数好机会！

那些负面情绪从不会对我们有丝毫帮助，甚至正是因为它们，有些人才丧失了成功的机会，这些人没有一刻不在焦虑，好像从他们降生那刻起，焦虑感就紧紧跟随他们，从来都没有离开过。而且，他们最擅长的事情就是为自己的焦虑感找到借口。有一个天性随和的丈夫面对妻子六天后要交房租的提醒，只是笑一笑，说道："六天后才交房租呀，我们这五天可就不用烦恼了，等到第六天再说吧。"我们能从这位丈夫身上学到什么呢？自然是：在必要考虑这些事之前，无须过早担心。

据说，那些懦弱的人，哪怕没有面临死亡，也会陷入对死亡强烈的恐惧和焦虑中。同样，我们完全不必为了还没发生的房租到期或者其他小事而提心吊胆，这些毫无价值的想法会腐蚀我们的大脑，让我们原本平静的生活变得充满悲伤。这些可怕的焦虑所带来的破坏往往比那些事情真正发生时所带来的更加可怕。

曾有一位一只眼睛受伤了的人，他一想到自己的伤口，就变得焦虑难安，他开始幻想自己因为眼睛受伤会失明，然后医生们围着他，七嘴八舌地讨论，想要把他的眼球摘掉。因为失明，他的工作即将不保，生活也将难以维系，家人最终也会一个个离开他。这些可怕的场景一直在他脑海中浮现，致使他彻夜难眠，已经两天两夜没有真正睡着。后来，我遇见他时，询问他眼睛的情况，他却轻描淡写地说："没什么大事，不过是因为煤球粒掉进去，感染了而已。"

事实上，我们生活中遇到的大多数人都是如此。他们总是为了明天即将发生的一切感到担惊受怕，无比畏惧，并且擅自认为，事情总会朝着对自己最不利的方向发展。他们总是丝毫不加防御，就让那些可怕的设想大摇大摆地闯进自己的脑海，并且一遍遍地描绘着它们，乐此不疲，也正是这种行为让他们放弃了原本应该愉快而平稳的生活,把他们的生活搞得一团糟。即便如此,他们的脑中还是不由自主地冒出一些设想:或许明天就会有巨大的灾难发生;或许自己的财富和地位马上就要丢失了;或许可怕的疾病在下一秒就要找上自己了;或许自己的亲人也会面临各种各样的困难。他们给自己制造出无数的"或许",这些"或许"导致了这样一个结果——无论在什么场景下,灾难一定会如影随形地找上他们。他们反复猜测,明天会有什么不好的事情降临,致使他们的眼前只剩下人生路上的坎坷和障碍。

每当他们遇到什么事情,总是一遍遍地设想过后,才会保持着小心翼翼的姿态,提心吊胆地前行。我们必须认识到,如果一直以这样的姿态前行,是绝对不能获得成功的,这种行为只会让我们离自己的人生目标越来越远,我们一定要想办法摆脱这种无端的焦虑感。对已经发生的遗憾总是心怀不甘,对不会发生的灾难总是多加揣摩,这些对自己的人生真的有任何帮助吗?我们最应该做的,就是避免让这种事情无端耗费我们的时间和力,避免因为它们丢失生活的快乐。

由于对明天的担忧和恐惧所产生的一系列负面情绪,诸如焦虑、自我否定、厌恶、猜忌等,都会对我们的人生带来巨大的负面影响。胆怯同样是这一系列负面情绪中的一种,只是程度较轻。担惊受怕的情绪拥有巨大的力量,它足以毁灭我们的潜能和未来,给予我们肉体和精神的双重打击。承受这些打击的人们,往往会丢掉自己对于未来的信心,而变得日渐消沉。

假如我们沾染上这些情绪,大脑的运转也会慢慢停下来,没

办法做出任何有利于自己的决定。在这种情况下，办事效率自然也会越来越低，大脑在长期负面情绪的压力下，机能也会出现各种问题，身体健康也在逐渐远离我们。

不少人都饱受焦虑所带来的精神与肉体的折磨，焦虑是慢性毒药，它会一点一点侵入我们的血液中，大脑中，我们身体的每一寸都将成为养育它的土壤。当思想也受到焦虑的侵蚀时，理智和幸福都会开始远离我们。

美国社会很容易诞生焦虑感，然后迅速传播开来，成为一种可怕的常态。而欧洲人完全相反，他们很少感到焦虑，在他们的字典里甚至找不出一个词汇可以精准的描绘出焦虑感。在美国，人们追逐利益的本性被无限放大，贪婪和欲望使心灵变得膨胀，对于金钱的渴望遮住了我们的眼睛，使我们的眼睛里除了金钱，再也容不下其他任何东西。而那些对生活更有好处的事物，诸如文化、兴趣、快乐，全部被我们抛之脑后，弃之如敝屣。无论如何，金钱始终占据至高无上的地位。

事实上，金钱是焦虑的兄弟，它们常常相伴出现。当我们有了更高的需求，有了更多的欲望时，焦虑感就会找上门来，将我们的内心占据，不留给我们一丝喘息的机会。

我们的骄傲和自负，也会加速焦虑感的产生。当我们定下的目标没有完成，预期的情况没有实现，焦虑感就会自然而然地产生。但是，大多数人很少去想——那些东西，真的就是我们必须要得到的吗？还是只是由于我们的自尊心不允许我们失败？我们总希望自己是同类人中的佼佼者，能够拥有体面的生活，能够让人羡慕,能够得到更好的发展,走在所有人前面,却忽略了——正是由于这种想法给了我们巨大的压力,带给我们焦虑感。我们很容易受到他人眼光和社会舆论的影响,为了得到其他人求而不得的东西,我们甚至忽略了什么才是自己真正想要的。

当我们不再因为攀比而焦虑感时,我们的工作将会变得轻松而愉悦。我们不必因为外界的影响去改变自身的节奏,不必让自己变得紧张兮兮,不得不像身边人一样拼命努力。我们何必费尽心机地追寻那些别人已经得到的事物呢?就因为别人拥有了,我们也要拥有吗?让我们冷静下来想一想,金钱真的能够让我们得到我们想得到的一切吗?真的能够让我们得到我们所希望的快乐吗?

物质上的满足与快乐之间并没有任何必然的关系,我们所有的愉悦和享受也并不会因为纯粹的物质而获得。在我身边,最快乐的那些人,往往更多关注于如何经营生活,让自己的身体保持健康并珍惜每一份机遇。他们都感到自己太幸运了,能够生活在美国这个物质丰富的国家中,能够与一群志同道合的朋友相交。他们心中常怀爱与希望,愿意去帮助他人,也能从工作中感受到成就感。他们可以让自己的世界乃至整个世界,一点一点朝更好的方向改变。假如能够把对未来的焦虑放下,认真思考这些容易触及的愉悦,我们将获得无尽的快乐。

与时时刻刻都充满焦虑的美国人相比,东方世界的很多人却不太理解这种焦虑感。与其他人竞争,去取得更多的金钱物质,对于他们来说并不太重要。他们似乎更在意自己精神上的富足,

第五篇 抵御恐惧的威胁

不愿意在物质方面耗费自己太多的精力,对于积攒财富,获得地位的事情,大多数人更是兴致乏乏。他们热爱文化,注重和平,追求美好的生活,他们的生活中,处处都充满愉悦和安宁。

什么是真正的快乐?现在的人们总认为只要拥有地位,拥有比他人更体面的生活,拥有更多的财富,就是快乐。简而言之,就是——只要物质需求得到满足,自己就能够获得快乐和满足。其实,现实却与想象中不同,当这些人拥有了更多的财富,更高的地位,当他们的一切欲望都被满足时,快乐并不会增多,甚至有可能会减少。物质的满足无法给人带来真正的快乐,快乐是发自内心的一种情绪,它并不来源于物质上的满足,而是一种由精神富足所带来的情绪。

我们脱口而出的每一句抱怨,脑海中浮现的每一个消极的设想,都在缓慢地毒害着自己的快乐。当这些由于对未来的不安所诞生的消极情绪正在摧毁着我们生而为人最大的财富——精神上的充实和快乐,当我们开始自责无能,开始责怪其周围环境的不顺,开始抱怨起生活中经历的每一点挫折时,我们快乐吗?我们会因为消极情绪的肆虐而能感受到任何实质的快乐吗?我们对于生命的期盼,对于人生路的无限畅想,不就在此刻,被那些焦虑、恐惧、担忧和不安的情绪死死地扼杀在摇篮里了吗?我们失去了快乐,丢失了人生的蓝图,又怎能够获得成功与幸福呢?

现今,很多人往往陷入这样一个困境——明明已经拥有了满意的物质生活,能够过着体面富足的日子,却认为自己丢失了生命中很多美好又珍贵的东西,并因此很难感受到快乐。这一切正是焦虑感以及各种负面情绪造成的。

想要对抗可怕的焦虑，就必须以勇气和坚定的信念为武器，与之搏斗，战胜它，摆脱它，远离它。面对任何事情，都要保持阳光积极的心态，用乐观的态度看待问题，才能避免焦虑感所带来的一切伤害。

"我什么都不担心。"一位圣人说，"没有任何事情值得担心，就算担心，它们也还会照常发生，所以还不如不担心。"

高贵的个性

第五章　摆脱无用的恐惧和焦虑

一位作家曾说:"若是一艘船在扬帆时就开始焦虑自己将会驶向何方,幻想一路前行中会遇到的狂风暴雨,害怕受到任何伤害,那么它将永远留在港口,无法真正扬帆起航。事实上,外面的艰险远远超过了它的想象,只要走出去,它就不可能只会遇到一个浪头。"

有这样一个故事:一位牧场主的女儿,每天早上都会经过一座小溪上的独木桥,去河对岸挤牛奶,某一天,她眼睛红肿,哭泣着回到家。当她的母亲询问她发生了什么事时,她是这样回答的:"今天早上,当我路过那座独木桥时,我想到自己有一天会结婚,并且也会拥有自己的孩子。当我带着我的孩子一起去牧场挤牛奶时,他会从那座独木桥上摔下去淹死吗?一想到这个,我就悲痛难忍。"这是一个多么荒唐又可笑的故事啊!但是,当我们嘲笑这个女孩荒谬的念头时，是否也应该反思一下，我们自己也犯了和她相同的错误，常常对一些事情过分的焦虑呢？

我认识的人中，有这样一个可怜的家伙，明明是平静又惬意的生活，他也能够从中挑出刺来。他总觉得自己被不幸包围，这个世界没有人真正了解他，在意他。就算他为了工作付出全部心血，每件事情都力求做到最好，命运之神也从来都没有眷顾他。当他拥有这种想法时，不幸和不顺确实也一直纠缠着他。有这么一条规律：现实世界的发展轨迹往往与我们的精神世界相一致。如果你看待这个世界的眼光中充满了不满，这种精神状态就会让我们疲于应付工作和生活，觉得自己的任何付出都徒劳无功。这种消极的工作和生活方式也会向世界传递这样的信息，最终又反馈到我们自身。

一个人身处什么境地，他在这个世界扮演了怎样的角色，他的精神世界是充满了积极的乐观、愉悦、友善、充足，抑或是消极的恐惧、担忧、焦虑、痛苦、悲伤，都能够通过他们的外在表现表达出来，并且被周围人清晰的感知，并以此断定他们身上将发生哪些遭遇。

我们往往能够根据一个人的状态或者他与其他人相处的模式，根据他一言一行中所透露出来的世界观，人生观和价值观，来判断出他人生的大致方向。假如他对任何事情都持有怀疑的态度，总将事情往坏的方面想，并且言语间反复流露出对于过往无尽的不甘和遗憾，他终将朝着消极的方向前进。对于自己的生活是怎样的态度，会决定一个人的思想和

精神往哪个方向前行。

假如一个人总是滔滔不休地谈论着自己人生中的遗憾，说着自己曾经错过的火车，说着自己在错误的时间卖出股票，说着自己人生中种种失败和不幸，那么他的前方也极易被失败占据。因为，失败占据了他所有的精神世界，他们思考和谈论的，都与失败有关。

有一些扬帆准备出海旅行的人，在他们踏上旅程前，就在脑海中开始思考天气变坏的可能。他们害怕在海上遇上大雾，或者是与冰川相撞，又或者是与另一条船相撞。这种无端的猜测和焦虑让他们在出海之前就产生了身体上的不适。而另一些准备出海旅行的人们，却怀揣着度过美好每一天的心愿前行，他们相信今天一定是天气晴朗的一天。这样的人们往往也会如他们预期中一样，最终获得了悠闲愉快的一天。在出发旅行的过程中，他们有同样的机率与那些担心天气变化的旅行者遇见各种问题，但是，他们却怀揣着度过美好一天的愿望，总能将那些事情顺利解决，而不去影响自己的心情。这样的人在生活中也不会去做无谓的揣测，担心自己所要面临的种种不幸，对于他们来说，即使不愉快的事情真的发生了，最需要做的也是解决问题而不是担心或者抱怨。

我曾经询问过一个取得一定成功的朋友，他是如何让自己的生活充满快乐的。他这样告诉我，想要让自己永远拥有快乐的心态，就不要去预想自己身上可能会发生什么不幸和不顺的事情。他永远相信好的事情即将发生，会有更好的机遇在前方等着他。即使发生了一些不愉快的事情，他也会尝试摆脱那些负面情绪。就算世界末日来临了，他也能从中找到一些值得开心的事儿。

我们在不同年龄阶段会遇到不同烦恼，由这些烦恼所产生的焦虑感会逐渐累积。就像叠积木一样，我们将对大自然的恐惧，对学习的恐惧，对家庭关系的恐惧，对于工作的恐惧，对死亡的恐惧，等等，一层一层地背负在自己身上。在我们的身边，甚至有些人已经习惯了这样的生活，习惯了让恐惧和担忧成为生活的主宰。在对待工作的问题上，这些人常常将事情的发展往不幸和不顺利的方向想，即使结束了一天的工作，好不容易回到了家，也会躺在床上，开始反思今天工作中遇到的种种不顺，思索有哪些事情没有做好万全的准备。担忧和焦虑就这么伴随他们度过每一个漫漫长夜。

我身边有这样一个朋友，他每一周都是从担心开始。他设想的未来蓝图常常由恐惧和焦虑构成。即使已经做足了计划，他也要一遍一遍在心中重复着自己的计划，寻找存在的漏洞，思考如何解决这些可能存在的麻烦和漏洞。对于即将发生的一切，他永远保持着提心吊胆的状态，幻想着明天即将到来的不幸。这样的心态也导致他在工作上能够花费的真正精力越来越少，将大把时间花费在思考未来的不幸上，让他变得精疲力竭。

这些对于未来的恐惧对我们的人生难道有什么好处吗？

与获得好处相反，我们正在遭受着无比沉重的折磨。事实上，这些人并不能够说出自己究竟害怕什么，只是对于事情发生的可能性而感到害怕。在面对医生时，他们会说，担心害怕的事情，就连自己也不能够准确地说出来。他们无法定性定量地说出自己的恐惧感来源于何处，也仍旧无法丢弃掉那种带来伤痛的不安感和恐惧感，在这种折磨和压力下，他们备受痛苦，这一点能够在无数年轻的男人和女人寄给我的信件中传递出来。

我经常听到周围人说，"我真害怕这会发生。""我好担心呀。"这些话脱口而出时，也就意味着对于生活的焦虑和恐惧已经浮现在他们脑海中，随着自己反复的提及，最终会成为一种可怕的习惯。这种习惯就像是慢性疾病一样让人产生很多负面的情绪，最终使我们的身体和精神都不再健康。哈维·威廉博士曾说道："恐惧会使我们的身体产生一种有害的毒素，逐渐蔓延至身体的每一处，使得疾病降临。"

当生活主动向我们亮起了红灯，我们就必须改变现有的生活方式，否则就会遇见真正的危险。母亲头上花白的头发往往来源于对孩子的担忧，她们担心自己的孩子会受伤，担心他们在外游玩时会摔倒，也担心会有其他不幸的事情降临在孩子身上。假如孩子没有在约定的时间回家，那就更糟糕了，她们会变得更加焦虑不安。同样的道理，她们的丈夫晚回家时，她们也会开始担心发生了什么事。这样随时随地都要担心的人，又怎么能够获得生活的快乐呢？

威廉·桑德勒医生曾说道："当遇到那些习惯用各种恐惧和焦虑来折磨自己的病人们时，我们发现了一种很有效的治疗方式，那就是也向病人反复强调每个人在生活中都经历着种种不幸之事。在与病人交流的过程中，我时常会向他们讲述卡尔·舒尔茨在《回忆录》中的一个故事：在昌塞勒斯镇战役中的一个清晨，舒尔茨将军因为一个噩梦而被惊醒，他大口地喘息着，心中弥漫起一种不祥的预感，他甚至开始坚信，自己的生命马上就要走到终点了，今天的战斗将是他生命的死期。在此之前，他从未产生过这样的感受。然后，他又联想起以前曾经听别人说过：这种预感就代表了死亡被拉开的序幕。这种恐惧感瞬间席卷了他的全身，将他紧紧包裹住，尽管他很努力地从脑海中摆脱这种恐惧，但始终徒劳无功。随着时间的流逝，这种恐惧感更强烈了，舒尔茨将军已经确信自己一定会死于这场战役，于是他坐在书桌前，展开信纸，写下了给家人的遗书，才最终走向战场。"

"当大军前进终于抵达前线时，舒尔茨将军心中那种死亡的预感更加真实与强烈。他的心中燃起了一种背水一战的念头，他决定放手一搏，以更加坚定的心态进行战斗。作为一个经过良好训练，并且拥有坚定信念、勇敢意志的德国军人，即使面临死亡，他仍旧怀揣勇气，在行军打仗的过程中，始终理智的进行战术部署。突然间，就在他眼前，他的副官在奔跑时被加农炮击中而倒下。那一瞬间，由于死亡所带来的恐惧和不安从他身上消失了，一瞬间干干净净、彻彻

底底消失了。他开始以更加专注的姿态投入于战斗中，最终没有受到一点伤害。"

"这个故事告诉我们两件事情：第一，尽管是一名受过良好训练，并且拥有着坚定思想的军人，面对死亡的预感，也会感到不安和恐惧。第二，事实上，我们生活中所产生的各种各样的不幸预感，绝大多数都不会在我们生活中真实发生。"

很多士兵在上战场前都丢弃了恐惧，他们会告诉自己："直到真正有一颗子弹击中我之前，我不会面临任何死亡的威胁，我一定会安全的。"

假如一个随时会遭遇生命危险的士兵都可以做到心怀坦荡，在战场上不受到恐惧的影响。那这些在平时生活中就带着恐惧生活的人们难道不是很可笑吗？

对于那些难以预测的事情，假如用焦虑的态度去面对，就会不断消耗着我们内心的活力。逐渐消失活力的我们，会让生活变得枯燥乏味。为什么要让自己承担额外的压力呢？这些多余的想法只会让我们变得难受，但是我们却往往很喜欢自寻烦扰。

暂时抛开关于未来的不幸的幻想，好好珍惜现在的美好时光吧！假如不好的事情真的要发生，现在的烦扰焦虑也只是增添烦恼。

有这样一个神奇的定理：事情的发展总会朝着我们想象的方向进行。我们期待什么发生，就会越来越接近它，如果对未来充满焦虑，不好的事情很可能会真的发生。

不要给自己设置莫名的障碍，更不要去臆想种种还未发生的磨难。不要因为未来可能会发生的一系列事情产生任何形式的焦虑感，因为这种焦虑感会让我们变得无比懦弱，也会让我们丢失了自信，如果一直这样焦虑下去，就是在给自己设置成功的障碍。

高贵的个性

第六章　怀疑是成功路上最大的阻碍

回顾过往，我们不难发现，怀疑是我们每天所面对的最卑劣的敌人。每当我们遇见一个千载难逢的机遇时，它就会悄悄地飘出来，费尽心思地牵绊住我们。只要有它存在，即使已经有了明确的方向，人们也仍旧很难前进一步。

"这样处理事情是对的吗？"

"如果换一种规划方案，这件事情是否更容易成功？"

"是否能够以更加自信的姿态去完成手头的工作呢？"

"当工作完成之后，又会面临怎样的结局？"

"假如再等一等，有没有可能得到更好的结果？"

每当这些问题浮现在我们脑海中，我们的思绪也会随之停下前进的脚步，转而开始反复思考这些问题的答案。事实上，很多时候，我们都忽略了这样一点——无论这些问题的答案是什么，都不能够帮助我们走向成功，反而可能导致我们走向失败的深渊。

莎士比亚说:"我们最卑劣的敌人就是怀疑。如果你总是怀疑自己是否能通过某种方式得到好处,你也错失了获得这种好处的可能性。"

在日常生活中,我们或许会面临这样的问题:每当在心里定下一个目标,并且下定决心要去完成目标时,假如头脑突然被怀疑的念头所占据,原本坚定的内心就会逐渐被怀疑这个敌人击败。这个狡猾的敌人用看似善意的面孔对我们说:"不用太过着急,不如再准备一阵子,等待最好的时机再行动。"可是,如果我们真的向怀疑这个强敌妥协,那些原本存在于心中的美好期待,那些原本无比坚定的信念,那些原本认为自己能够完成并获得成功的事情,就会在这些怀疑的声音中慢慢停下脚步,甚至逐渐消失。在怀疑的阴霾下,我们总会开始迟疑,然后寻觅所谓的更好时机,最后却失去了信心。

有这么一类人,他们总是质疑自己是否能够完成肩上的任务,质疑自己做出的每一个决定。这类人身上总是充斥着一种迷茫感,像是在海上漂泊着,却失去了方向的水手,深陷在黑暗中,无法找到指路的灯塔。也正因此,他们不知道该向哪个方向前进,最终只能迷失在大海上,随风荡漾。

终其一生,很多人始终在平凡之路上踽踽前行,无法做出丰功伟绩。这并不是因为他们不具备这种能力,而是因为他们被怀疑蒙蔽了双眼。或许他们曾经距离成功的道路很近，可是，因为怀疑和恐惧，他们最终丧失了获得成功的机会，只能永远停留在平凡之路上。

如何才能战胜怀疑这个敌人呢？我们需要的是一种信念。一种坚信自己能够战胜一切困难的信念，一种坚信自己正在做的事情是值得的，并且能够矢志不渝地完成它的信念。

假如你正在为得到一个心仪的奖品而辛勤工作，心中怀着自己一定能完成工作，获得奖品的信念，你自然会对工作充满热情，也会离目标越来越近。你之所以会获得成功，正是因为你具备坚定不移的信念。在事业上，这种信念像永动机一样，能够为你带来巨大的勇气，为你提供源源不断的动力。然而，在实际情况中，我们很少真的怀有这种信念，因此，我们也很少全力以赴地做一件事，既然如此，又怎么能企图得到成功呢？

信心是内心的支柱，支撑着我们翻越一个又一个困难的大山，直至完成整件事情，抵达成功的彼岸。而怀疑则是一路上所遇到的暴风雪，当怀疑的念头充斥心间时，又怎能用尽全力去奋斗呢？

在很多人身上，责任感有时能够推动他们往前走，但是，怀疑和害怕也始终伴随着他们，它们不仅从来不会鼓励他们，支持他们，还会让他们失去信念与理想。

"我们所面对的最卑劣的敌人就是怀疑。"请铭记这句话。怀疑一直试图打败我们，将我们从成功和积极的心态中剥离，试图让我们放弃心中的信念，停下尝试的脚步。怀疑就是我们最大的敌人，只有战胜它，才能完成目标，获得成功。

最可惜的是，这些可怕的怀疑正来自于我们自身。也正是我们自己让其不断壮大，最终吞噬掉我们的勇气，阻碍了我们前行的道路。这种起源于我们自身的怀疑，必须将其扼杀在摇篮里，绝不能让怀疑在脑海中滋生。

不过，怀疑的产生还不是最可怕的事情，最可怕的是让怀疑扎根于脑海。假如让怀疑扎根于脑海，你的思绪就再也翻滚不出创新、有价值的浪花。你会流连于怀疑中，让恐惧和担忧肆无忌惮地占据心灵。怀疑这个敌人，我们必须打败它！只有击败了这个敌人，我们才能坚定地追求人生目标。当你对自己的人生有了明确的目标，首先应该进行全面的考虑，做好准备。如果你已经做出决定，就不要被怀疑绊住脚，朝着自己的目标，坚定不移地前进吧！

我们的身上藏着一个宝藏，那就是潜能。当我们的潜能被挖掘出来之后，人们就能够挥别过去弱小的自己，迎接一个崭新、强大的自己。而怀疑心理是使宝藏得以藏匿的尘土，越是质疑自己，潜能就会被埋藏得越深。假如面对任何事情，都要以怀疑为开端，我们的潜能将永远不会被唤醒，永远沉睡在我们内心深处。

当怀疑心理让你质疑自己为目标付诸的努力时，也会让你离成功的道路越来越远。你可知道，这些在你心中疯狂生长的怀疑情绪，正是你成功道路上的真正障碍，如果你正在怀疑，也就正在主动将成功驱赶出你的生活。

怀疑的情绪会扼杀你心中的希望，会让你迷失在前行的道路上，会使你的所有梦想都变得止步不前。同时，消极情绪还会和怀疑情绪相伴而生，在这种双重负面影响下，你手上的工作会越来越沉重，直到最后，你不得不放下所有的工作。

学会信任自己，从根源处掐断怀疑情绪生长的可能。学会坚守积极向上的信念，相信自己终将摘取成功的果实，相信眼前的道路是一片光明坦荡。学会肯定自己，不要流连于过往的失误中无法自拔，要看到自己的每一次进步，激励自己并且坚持进步。大卫·克罗克特曾说："坚信你的道路是正确的，不要回头，要一直前进。"

别将所有时间都浪费在做决定上。假如你总是难以做出决定，遇到一点风吹草动，就会改变自己的想法，甚至不明白自己真正想要的是什么，就永远不可能获得成功。这种摇摆不定的怀疑心理，会让更多的烦恼随之而来，伤害自己，甚至会伤害别人。

不难发现，那些能够获得成功的人都拥有同一个特质，那就是迅速做出决定。他们绝不会把大把时间浪费在犹豫和纠结上。尽管这种果断会让他们面对失误的可能，但是，当他们踏出第一步时，就已经比流连于怀疑和自我否定的人们抢先了一步。容易陷入怀疑的人们就像是墙头草，很容易在两方完全对立的说服中犹豫不决，摇摆不定。

心中常驻怀疑情绪的人们，面对要做出决定的时刻，总是选择等待。这样的人，自然难以成就一番事业。因为被怀疑的情绪撕扯而陷入迷茫的人，永远找不到自己真实的内心，面对已经出现的结果，总会感到后悔。这些人总认为，为什么不再等等呢？等自己准备得更全面，成功自然唾手可得。但是，他们却忽略了这一点——如果始终彷徨在准备的道路上，就永远不可能踏出第一步。可惜的是，时机不会永远等待着他们。

你可知道，怀疑就明明白白地写在你的脸上，你的举手投足都透露出了不自信。怀疑唯一的克星，就是充满勇气和乐观的自信。像大部分卑劣的人一样，怀疑也会挑软柿子下手，它们更喜欢攻击那些没有自信保护并且内心自卑的人们。一旦遇到充满自信，内心强大的人们，怀疑就只能够丢兵卸甲，溃不成军。

怀疑从未有一刻停歇，它总是不断去侵蚀那些脆弱又胆怯的心灵，让他们质疑自己，怀疑自己的决定是否正确，然后在这种怀疑中不得不遗憾地放弃。本来，只要前进一步，成功就唾手可得，但是，无数人就因为怀疑的阻挠，最终落得失败的下场，无法尝到成功那甜美的果实。

每当我们尝试踏出第一步时，怀疑就会悄然而至，试图敲开我们的心门，反复告诉我们还需要时间，还需要等待。它甚至会举出各种例子告诉我们，那么多厉害的人都失败了，我们自然也不会成功。它告诉我们，前进的念头是鲁莽又愚蠢的，现在我们唯一能做的就是等待，等待自己羽翼更加丰满，资金更加充足，时机更加恰当。

怀疑总是消耗着我们的自信和勇气，它是所有人前进的路上最大的阻碍。"怀疑在门上留下标记，吸引人们追随而去，紧随其后的便是失败。"怀疑和失败就是一对最亲密的好友。怀疑很狡猾，它从来不会直接挑战我们，它最擅长对我们循循善诱，欺骗我们去相信它，并且因此变得负面消极，最终只能接受失败的命运。只有拥有坚定的信念，才能够战胜它们，最终避免这种情况的发生。

假如你正在面对怀疑这个敌人的挑战，当它正在试图阻碍你前行的步伐时，向它宣战吧！去告诉它："我已经为你困扰太久，受了太多的伤害，现在，就是我要战胜你的时刻。因为你，我已经错失了无数次命运赏赐给我的机遇。因为你，我在面对自己准备那么久的事情时，最终犹豫地停下脚步，让所有努力付诸东流。你用伪善的面具遮住那险恶的内心，你总是告诉我再等等吧，等待更好的时机，盲目地向前只能够迎来失败。我也曾经真的听信你的逸言，落进你的圈套，最终被你打败，只能在普通人的道路上孤独前行。"

"本来，我可以成为一个掌控自己人生的英雄，现在，因为你的存在，我却成了实实在在的失败者。假如我能够以自信和勇敢为武器，坚定不移地与你战斗，我就会遵从自己的内心，为自己的目标去努力奋斗。可是，因为你的捣乱，我与那些机遇擦肩而过,只能停下前进的脚步。现在,我要直面自己的内心,迎接你的挑战,纵然过往的岁月已不可追回,我也决心不再躲避你。我要撕破你伪善的假面。直面你这个敌人,我要战胜你!"

第五篇 抵御恐惧的威胁

高贵的个性

第七章　错失的风景不值得你流眼泪

你要相信，错失的风景不值得你流哪怕一滴眼泪。假如你像囚徒一样将自己困在过去的错误里，不断回忆失误的那一刻，有什么意义呢？请好好想一想，反复地回忆过去真的对你的现状有任何帮助吗？还是说，这么做只会将你推入更深的井底，让你变得更加虚弱，更加难以摆脱这种桎梏。

"假如我当时没有这么做，结局是不是就不一样了？"伴随着一声叹息，这个生意人纠结于昨天丢失的生意，却没看到今天眼前出现的更大的生意。

哲学家告诉我们："忘记它吧！错误的时效性太短了！"

我身边一位朋友，无论面临什么事情，都不会感到失望或沮丧，即使遇上赶不上火车或者错失机遇的情况，他也总是坦然迎接所有结果，不会抱怨，更不会觉得遗憾。

让我们试着回想那些发生在过去的事情，很多年前的失误，时至今日，真的还会让你彻夜难眠吗？事实上，过往的错误和烦恼，早就被我们抛之脑后。随着时间的推移，有关它们的记忆早就越来越淡，近乎消失了。所以，当我们面临新的烦恼时，与其追忆懊悔，还不如学会尝试告诉自己："这个烦恼也会很快过去的，没有错误会停留太久。"

所以，无论遇到什么烦恼，请放轻松，让它随风而去吧！

当我们反复回忆过往不幸时，痛苦和伤心也如影随形纠缠着我们，让我们饱受折磨。这种情绪对我们完全没有任何好处，为什么不尝试忘记它们呢？为什么不把精力用在追寻现在的美好生活上，把握住眼前的机遇，为自己创造更加美好的未来呢？

或许有人会觉得，一切已经太迟了，请抛弃这种想法。回顾历史的长河，无数人遗留下自己的遗憾和错误。但是，他们都最终告别了这些失误，朝着更好的方向走去，迎来了充满阳光的明天。

避免被自己消极和负面的情绪影响，是一项很艰难又很需要技巧的工作。将所有让你感到失望和不愉快的事情埋葬，将你对于生活中的种种磨难的记忆丢弃，将这些对你的生活毫无贡献和价值的想法丢弃，才能够避免因为这些事物

所带来的影响摧毁我们的生活。

　　我在生活中曾遇见过这样一类人，他们永远怀抱着过往那些令人遗憾和感到不愉快的回忆，任由那些负面的情感占据自己的身心，将所有的愉快和平静驱逐于自己的生活之外。

　　为什么要让那些错误和遗憾成为你的噩梦，日日夜夜纠缠着你呢？正是因为它，你的内心才充满了消极情绪。正是因为它，你的人生才被蒙上了灰尘，不再闪闪发光。正是因为它，快乐和平静才成为了你的敌人，永远地远离了你的生活。正是因为它，你对机遇和希望才不再有兴趣，整个人变得憔悴和虚弱。所以，我们还要让这些错误和遗憾的回忆纠缠着我们吗？为什么不试着将它赶出我们的生活，把它们从我们的记忆中抹掉呢？不要让过往的事情影响你的未来。

　　不要重复地去回忆它们，而应该将它们从你的记忆中连根拔去。当一件事情已经迎来它的结果，我们再也无法改变和挽回这种结果时，一直沉浸在其带来的伤害和伤痛中，会对我们将来的人生有任何帮助吗？重复地回忆过往的失误，并不能提供给我们任何实质性的帮助，反而会让我们的情绪越来越低沉。

　　你是否曾面临这样的情景：当故地重游，看到熟悉的街景时，或许会突然回忆起过往的痛苦回忆，原先已经逐渐愈合的伤口又被撕裂开来。我的一位女性朋友，年轻时曾经有一位恋人。这位恋人给她带去了很多痛苦的回忆，他寄给她的信件中，字里行间都透露着对她的蔑视和羞辱。但是，我的朋友却将这些信件好好地保存起来，甚至还会重复阅读。每当她这么做的时候，整个人都会陷入悲伤而痛苦的情绪中。

有些纪念品，明明承载和记录了我们的过往，却因为其上附着的痛苦记忆，让我们每次看到它们之后，都会扯开自己的伤口，再痛一次。何必让自己陷入这种痛苦中呢？很多女孩都保存着与过往恋人的信物，这种保存是否值得呢？那些人明明已经背叛了爱情，还要用回忆折磨着自己。还是抛弃这种想法吧。面对伤痕累累的过往，面对记忆中那些令我们感到悲伤、痛苦、迷茫的时刻，我们最应该做的事，就是将它们彻底赶离我们的生活，将那些承载着悲伤记忆的纪念品都丢掉，让它们彻底消失在你的生活中，不要给伤口再次被撕裂的机会。

但是，我们也无法否认，就是有这么一些人，他们很享受自己被痛苦的过往折磨和伤害的过程，喜欢在脑海中一遍遍重复伤痛的记忆。不过，很多人在面对这些重复出现的痛苦回忆时，往往束手无策，需要花费一段很长的时间才能够真正地忘却。这些人被痛苦以及悲伤裹挟，步履蹒跚地走在前行的道路上，只剩下叹息与眼泪。

因此，我们会面临这样一个问题：到底要怎样做，才能将牵扯住我们情绪的痛苦回忆丢弃呢？我们一定要明确一个观念，过往的伤痛和遗憾不是为了惩罚自己，而是让我们从

失误中获得成长，避免下一次错误的发生。一旦完成了让我们成长的使命，这些回忆就该被我们毫不留情地抛弃。

很多人将谴责自己当成一件习以为常的事情，长久下去，这种自责情绪将会渗透进生活中的每一件事情。随着获得的成功越来越多，我们心中欲望的沟壑也越来越深，随着追求目标的不断攀升，我们就越来越难以成功，最终陷入巨大的心理压力和自我折磨之中。而对待事情，最好的方法，是用尽全身的力气，然后坦然地接受结果，原谅自己的不完美。

假如只关注自己失去了什么，抱怨自己当时的错误决定，反复的谈论、提及这些失误，最终只会让自己陷入过往的失望中难以自拔。

在我接到的信件中，有些人总是用极大的篇幅向我叙述他们的过往，字里行间充满着对伤心往事的追悔莫及，尽管他们已经和这些痛苦、伤害、失望进行过斗争，仍旧觉得假如一切能重来就好了。可是，假如时间可以倒流，这些错误难道就真的不会再犯了吗？

正如巴里的戏剧《亲爱的布鲁图》中所描绘的那样，即使再有重来的可能，我们也依旧会面临其他问题，这些痛苦、挫败和失落的情绪依旧会出现在我们的生命中，而我们唯一能做的就是忘却。忘却那些痛苦的过往，不因自己的失误而悔恨，而是从失误中逐渐成长，学会迎接未来的生活。

每个人的生活里都存在伤心、痛苦和不甘的经历，这是始终无法避免的。尽管很多事物的存在会让人感到难受，但是，我们只要尽快将这些事物驱逐出自己的生活或记忆，我们受到的伤害值就会趋于最小化。那些让我们感到痛苦和不甘的回忆，就像是扎在身上的刺，不断伤害着我们。只有将它们取出来，才能让自己避免继续遭受它们的折磨。

假如因为这些事情，整夜难以入眠，辗转反侧，不断回忆和思索往事发生的过程会给自己带来一丁点的好处，其实，那也是值得的。可是，实际上，大部分人这样做以后，只会加深自己的痛苦和损失，影响自己的健康。很多鲜活的想法和积极的情绪，也会在这个过程中丢失殆尽。所以，与其浪费时间在回忆过去的失误上，还不如将这份精力投入于现在的工作与生活中。你从最开始就应该明白，生活中除了金钱等物质需求，还有着更广阔的天地。绝对不要因为沉溺于过去的失败而影响到未来的精彩。

要学会让自己的内心平静下来，不要因为那些伤害我们的过往而浪费时间。保持自己思维的活跃以及平静的情绪。在前进的过程中，假如遇到影响自己心情的事物，就应该视之为无价值的垃圾，毫不留情地把它们丢掉。虽然街道上的垃圾可以清理干净，心灵上的垃圾处理起来更加困难，一旦处理不好，也会造成一些难以弥补的伤害，但是，事情总是要被处理的。

一个人的过往，往往有迹可循。从他们身上，我们能够窥探到以前发生的失误对他现在生活的影响。过往的伤痛无

法改变，但是可以丢弃和隐藏。我们一定要将这种痛苦和遗憾摒弃于心灵和脑海之外。要成为一个每天收集快乐和希望的人，珍惜时间，用努力去改变正在发生和将要发生的事情。

对人生真正有用的，不是我们已经错失的事物，而是那些仍然拥有的事物。错误和沮丧会让我们滋生出痛苦和放弃的念头，但我们也可以将这种错误和沮丧转化为自己的动力，正所谓越挫越勇，更加积极地去应对生活中的困难。不要让过去的错误成为自己的包袱，而要剖开痛苦的假面，意识到其中蕴涵的巨大力量，并将这种力量倾注于生活。

吉卜林曾说："当你辛辛苦苦花费一生建造起来的事物被无情地破坏的时候，不要抱怨，也不要沮丧，而要弯下腰去重建它。"任何事物都有克星，挫败感也不例外。每个人都有一种特质，那就是能够用坚定的态度去应对眼前的挫败。我们要积极地探寻自己的这种力量，机智地运用它，即使身处绝境，也一定不要轻易放弃。无论面对任何情境，我们都要用尽全身力气去努力。这样，至少在心理层面，我们绝不留下任何遗憾，而会永远怀抱着对未来的美好憧憬，带着自信和希望前进。

让生活中小小的困难、抱怨、痛苦去影响我们的判断，这是多么不理智的一件事情啊！请记住这句话："一切都会好起来的。"往事应该随风而去，犯下的错误已经是错误，无法挽回的事情早已迎来结果，何必将自己置于自责的困境呢？要学会坦然地迎接已经发生的一切，不要做个胆小鬼，而要成为战胜过往的巨人。让过往都如烟花般消散吧,事情并没有我们想象中的那么糟糕。

假如在一次会议、演讲或活动中出现失误,不要纠结和后悔。请汲取教训,下次一定会做得更好,这次的失误也很快就会过去。让自己的心绪保持平和,坦然接受已经发生的一切,坚信所有事情都会变得更好,没关系的!

第五篇　抵御恐惧的威胁

第八章　让工作远离家庭

家，是亲人之间交流沟通，感受温馨与爱的地方。绝不应被我们忙碌的工作所填充。工作中产生的忧虑、忧愁等各种消极情绪也不应该带回家。

别让自己在工作中产生的负面情绪侵蚀你的家人。现代人普遍有一个毛病，本来，在白天高强度的工作下，情绪就已经十分紧绷，晚上回家以后，还不愿意放下自己的工作。即使回到家中，脑海中出现的，依然是工作中的问题。

我们总是反复告诫自己努力工作，在这种紧绷的状态下，大脑的运转逐渐疲倦、缓慢，从充满干劲转变为排斥工作，从一开始做事情高效准确变为失误连连。我们需要的是休息，不要强撑着已经疲惫不堪的身体和心灵逼迫自己工作，这会让自己的精力逐渐衰竭，最终大脑不得不停止运转。

一位寡妇讲述了自己的一段经历：她与丈夫一同度过的时光

并不美好，在她丈夫眼中，整个世界的运转都依靠赚钱这个目标。他的一言一行，每个念头都围绕着如何赚钱展开。他对享受生活毫无兴趣，任何事情都不能影响到他的工作计划。随着时间流逝，他的家庭也受到影响，长期处于一种低沉的氛围中。家里没有亲人之间的互动，更没有爱和温馨。飘荡在家中的只有他永不停歇的工作内容和计划。他本人也变得精疲力竭，下班回家后，整个人也陷入重复的工作思考中，任由紧张和焦虑缠绕着他。应该留在办公室里的生意和业务，总是时时刻刻伴随着他。"一夜又一夜，"他的寡妻后来说，"我记得他在午夜以后还坐在书房的桌子前，俨然一副坐在办公室里工作的样子，凝视着他的本子，思考、做计划。我常常听见他那痛苦的咳嗽声，我也常常走下楼去，恳求他为了健康休息一下，该上床睡觉了。但他从来都很固执，绝对不肯妥协。"

工作如同他的影子一般，一直伴随着他。妻子的任何言语毫无用处，这个丈夫愿意为算账过程中丢失的一分钱将整个账本重新计算，直到找到那自己缺失的一分钱。妻子为了让自己的丈夫提前休息，便故意拿出一分钱说是丈夫丢的，一眼就看穿的他也不肯妥协，一定要通宵达旦地寻找，直到找到为止。

通过辛勤地工作，他拥有了上百万财产。但是，他真的幸福吗？他将自己的人生全部投入到工作中，完全忽视了家庭。在他漫漫的人生长路中，很少能感受到家庭的温馨与爱，更难以从家庭中获得欢乐。他的时间已经被工作中的焦虑和担忧填满，他只能不断工作，直至走向死亡。

当你下班了，走出办公室的那一刻，请将自己从工作的桎梏中解放出来。不要将你在工作中产生的担忧、焦虑等情绪，以及压力和烦恼带回家里。下班后，你需要的是放松，是将所有的压力释放出来。当你打开家的大门，请反复告诫自己："在这里，任何关于工作的担忧焦虑都不允许存在，请放下你的工作。"

不要去回想今天工作中遇到的种种事情，不要为今天没有做的事情或者做错的事情而感到遗憾和不甘。今天的工作已经结束，当你回到家，就意味着你的身份已经从一个从职者转变为了家人。放下今天的工作，好好享受下班后家庭的快乐。

已经发生的事情是无法挽回和改变的，包括工作。只要在工作中竭尽全力，自然会有积极的结果。既然如此，到了下班的时候，又有什么好担忧和焦虑的呢？将自己陷于白天工作中的失误或者遗憾之中，毫无用处，已经泼出去的水难以再收回来，今天的工作也已成为过去。

很多生意人总是想不明白这个道理，将自己的时间和精力花费在缅怀过去，重复思考自己的失误上，这并不能帮助他们更好地完成接下来的工作。想要让自己的工作效率得以提升，首先要学会不要沉湎于过去。紧抓现在，珍惜现在正在发生的每一件事，不放过在工作中遇到的每一个机会，好好完成自己的工作。

家庭就是一个让人享受愉快生活的地方，是一个让人积累勇气、精力的地方。不要将晚上用于家庭生活的宝贵时间浪费在无休止的反思和自责上，重复地去思虑今天在工作上发生的一切，觉得自己哪里都做得不好是没有任何意义的，只能消磨自己的意志。要学会合理分配自己的精力，不要在家庭中消耗精力，而要学会在家庭中积累精力。

每当晚上，我看着那些从办公室走出的面带焦虑的人们，我能明确感受到他们的愁绪。很显然，他们遇到了麻烦，并且无法自拔，只能让自己的情绪陷入麻烦中。可是，请相信我，这种想法十分不理智。那些多余的焦虑和担忧毫无用处，只会让人更加难过。到了下班时刻，最需要做的事情就是为明天的工作积蓄精力，而不是反复的自责和后悔。

请时刻谨记，家庭应该是自己力量的源泉；是在工作的汪洋中漂泊后，给予温暖的港湾；是辛苦跑完一段长途后，一杯补充能量的水。在家庭中，我们能够找到拼搏的意义，在家人的安慰下，工作中遇到的挫折也将不再阻碍前行的脚步，我们将重新点亮对未来的向往。

当精力得到补充，就能以更加积极健康的面貌去应对明天的工作。对工作的担忧和焦虑并不能帮助我们补充精力。精力的补充就像润滑油，有了它，大脑才能快速运转。重复的思考会不断损耗着我们大脑，让大脑思考的速度变得越来越慢，整个人也会疲惫不堪。谁都知道，一个人在精疲力竭的情况下，寸步难行。

从另一个角度说，如果能够在工作的过程中将所有事情处理好，又何必将工作内容带到下班后呢？

在我认识的人中，有这样一位先生，不管在任何地方，你都能看见他以及身边的秘书。每时每刻，他都要口述信件和备忘录。与展现出来的成大事者形象不同，他的效率很低，在工作时间内不能完成任务，因此才只能延伸到工作以外的时间。

在下班后进行工作，还会损耗自己的精力，影响明天的工作进程。如果你没有在下班后尽情享受与家庭亲人之间的美好时光，让自己的身心得到放松，而是依然选择继续工作，那就要面对第二天起床时，疲惫不堪的自己。长此以往，工作效率自然会越来越低。

不要因为你眉宇间的忧愁影响家人的心情，请一定在踏进家门之前，就将工作上的烦恼全部抛弃，好好迎接与家人共度的愉悦时光，让自己脑海中那根紧绷的线放松下来。在家中专心致志地休息，为了明天的工作做好铺垫。

不要让自己陷入工作中的问题，频繁地对同一件事情进行思考，这会伤害我们的头脑。历数过往就能发现，很多具有创造性的主意都受到了生活的启发。长期重复思考一件事情很容易走进思维的死胡同，丧失思维的活跃度。对于思维的拓展需要张弛有度，就像印第安人手中的弓箭，他们只有在发现敌人时，才会调紧弓箭，因为长久紧绷状态下的弓箭会失去弹性。

很多人的大脑已经接受长久的紧绷状态，脑海中也只剩下工作这一个念头。他们的人生似乎只剩下工作，不管是在办公室内还是在家中，甚至在外出游玩时也不肯放下工作。请相信我，这些人会比常人提前一步迈入衰老期，当他们四十岁就浑身无力时，再也没有精力去担忧了。

第九章　学会克制自我

当一个人面对重重险阻仍能泰然自若地寻找解决方法时，就能轻易摆脱险境，解决问题。

想要完成自我控制，就必须探知思想的秘密。思想对于生活有着强大的的主观能动性，很多生活中的决定都来源于自己的思想。一个人如果能够掌控自己的思想、情绪和心态，那么，无论在生活中面对任何问题，都能化险为夷。

假如生活中有人身陷险境，我们自然会伸出援助之手。当身边有人陷入情绪失控的险境，心里已经被怒火占据，我们应该怎么做呢？是自己也被怒火点燃，由一个人的愤怒变成两个人的愤怒。还是用自己的平静去感染他，让他逐渐恢复理智？

答案自然是平静地帮助他们，将他们从情绪的怒火中拯救出来。所以，所有情绪容易失控的人都应该对身边给予帮助的朋友表示感谢，正是那些朋友抚平了他们因暴躁变得扭曲的

心，使他们没有在失控的情绪中做出后悔莫及的错事。

我们或许有过这样的经历，头脑被沸腾的血液冲昏，想要努力控制住自己的思维和言行，但却很难做到。人一旦被不良情绪支配，效率就会大打折扣，严重时还会对生活、工作产生不良影响，危及个人的名誉和声望，深陷自我怀疑的泥沼中。因此，我们要尽量避免成为不良情绪的奴隶，不要陷入危险和悲惨的境地。

某位作家曾说："当一个人面对重重险阻仍能泰然自若地寻找解决方法时，就能最大程度地摆脱险境，解决问题。尤其当人们面对巨大的压力时，就更加需要这种自控力。因此，在日常生活中，每个人都要不断进行自我探索，并反复训练控制自我的能力。只有这样，在危急关头才能够更加理智从容，即便遭遇突如其来的灾难，也可以做出正确的决策，不会自乱阵脚，甚至还能够帮助那些已经精神失控的人一起摆脱困境。"

一个人因为各种原因丧失自我控制力，本身就是一件不幸的事。在主观方面，个体总是渴望自主和独立，但实际表现可能背道相驰。失去理性的人，他们用最糟糕的情绪去刺痛爱人，对朋友恶语相向，那些疯狂的言行和愤怒的举动似乎在承认自己的无能，这些表现是低等动物才有的样子。

孩子在成长过程中会逐渐积累经验，避免去触碰尖锐的东西，也会远离可能灼伤自己的东西。而成年人不仅要懂得自我保护，更应该学会控制自己，避免用过激的言辞和不良的情绪伤害别人。

自控力是一种高贵的品行，能够让人在极端的情况下仍旧保持理性，具备解决问题的力量，成为更好的自己。这样的人总是格外充满魅力，他们始终是自己的主人，不管做什么，都出于自愿，没有夹杂负面情绪，即使遇到问题，也能够很快做出判断，将不好的情绪赶走，很容易就调整了心态，让事情继续朝着美好的一面发展。

不能很好控制自己的人，就像是失去了罗盘的水手，在情绪的风暴中迷失了自我，在紧要关头表现得软弱无力，不仅无法顺利实现目标，还可能走上歧路。

比利斯·卡曼认为，具有"心理平衡"能力的人具备更多的心灵优势。缺乏心理平衡能力的人更容易受到情绪的支配，进而制造更多的悲剧。很多人将失败和不幸归结于时代和命运，却很少意识到自己身上的问题。那些人从没有真正地认可过自己，他们总在不停地抱怨着，好像整个世界都在和自己作对。他们带着这样的情绪去工作，结果只有敷衍和玩忽职守，去和别人相处，总是吹毛求疵，甚至刻意中伤，如此一来，自然难以收获快乐和成功，反而陷入恶性循环中。

人在伤害别人时，也在无情地伤害自己，无休止地损耗着自己的精神和意志，用一种错误的思维方式将自己推入痛苦的深渊。心理失衡的人，不管走到哪里，都感到世界一片灰暗。一个人的内心状态极其混乱，不经意间就能产生更多破坏力，莫名其妙的暴怒就是很好的证明。

暴怒会在短时间内扭曲一个人的面容，就算最亲近的人，也很难把处于暴怒状态的人和自己平时熟知的那个人联系到一起。不仅如此，暴怒还会严重损伤人的精神系统。就算精力充

沛的人，经过一场暴怒的摧残，也会很快显现出颓势，像是长久被病痛折磨过一样，心理上遭受重创。

当人的意志力被暴怒击败时，他在短时间内会处于一种发狂的状态，无法正常思考，更不能正常地工作。短短几分钟时间，暴怒让一个巨人丧失人性，退化成无助的生物，丧失了原本的个人魅力。

暴怒是一种突如其来的心理爆炸。触发暴怒的导火索很可能是一件微不足道的小事，也可能是严重的伤害。一旦暴怒被引爆，大多数人会陷入不可遏制的精神狂热中，在一瞬间凝聚了所有生命力，全部投入到发怒中。在这种情况下，人已经沦落为情绪的奴隶，无法做自己的主人，就如同一头失控的野兽。

一些不良情绪，诸如嫉妒、憎恶、愤怒等都会对人产生严重的消耗，还会有持续的后遗症，让他在很长时间内都处于不良状态中。很多人之所以会选择结束生命，是因为他们已经无法摆脱暴怒情绪带给自己的痛苦，再也无法忍受这样的生活。而那些走上绝路的人，最初很可能被焦虑所困扰。我就认识这样一位女士，她的焦虑感很严重，从来无法放松下来，也很容易发怒。当她发怒时，完全没有理智可言，好像被恶魔附体，整个人如同疯子一样，歇斯底里，直到最后精疲力竭。事后，她总是觉得自己的头很疼，其实，这不过是神经系统在提醒她，在暴怒的时候，大脑产生了一种致命的毒素，以后不要再这样，对自己没什么好处。

人们身体不适，情绪就容易低落，也很容易发脾气，这无疑会促使疾病细胞疯狂成长，最终带给自己更多的痛苦。在生理层面上，暴怒就如同在大脑中引发的一场爆炸，脆弱的血管很有可能破裂，这是一件很恐怖的事情。人之所以会暴怒，多半是因为事情没有按照我们期望的那样发展，或者是大大超出了控制范围。因为暴怒消耗自己的脑力、体力和精神，并非明智之举，不如把这些力量用到其他地方。

我曾目睹这样一件事，一个人气喘吁吁地赶到了火车站，火车马上就要出发，站台门已经关闭，出于安全考虑，管理人员拒绝让他进去。当时天气很热，他本就大汗淋漓，没过多久就情绪失控了，大声咆哮起来，引来很多人侧目。如果这个人能够冷静下来，意识到事情没有按照自己希望的方式发展时，应该想其他办法解决，吵闹不仅无法让自己如愿以偿，还浪费了宝贵的时间和精力，更会招致无数人的反感，得不偿失。

人们在公众场合时一般会注意情绪管理，在家时就容易肆无忌惮，随意宣泄不良情绪。一杯不好喝的咖啡、口感不佳的面包、烤坏的蛋糕……十分琐碎的事情都有可能让坏脾气强烈地爆发出来。小孩子可能会因为打碎了东西被强烈谴责，丈夫可能因为早餐不可口而对妻子大发雷霆，总之，任何事情都有可能成为触发暴怒的导火索。暴怒使得原本安宁、美好的面容丧失生气与活力，甚至使人做出骇人的举动，让家庭关系产生不可修复的裂痕。

能够控制自己脾气的人，才是真正的强者。一个不能很好控制自己的人，也无法担任重要的职位，因为不具备良好的形象和声誉，很难取信于人，也不适合去引导别人。

真正的强者，是不会被琐事困扰的，无论男女。他们不管在什么地方，遭遇了什么，都不会感到大惊小怪，即便被一些不可抗力因素突然打乱了计划，也从不手忙脚乱，而是很快调整好自己的心态，致力于解决问题。如果问题一时难以被解决，也不会放在心上，而是把时间和精力放到其他事情上。

当一个人总是自怨自艾，向别人大吐苦水，夸大痛苦和烦忧，遇到一点挫折就无所适从，乱发脾气，那么，我们可以判断出来，这不是一个心灵强大的人。他欠缺平衡心理的能力，也无法做出正确的判断和决策。而他自己很少意识到，这种不良的情绪会损害健康，缩短寿命。每爆发一次不良情绪，都会在身体上留下创伤，虽然短时间内很难发现，但它们的确在逐渐蚕食一个人的生命力。

一个人想要更好地生活，就应该明白这样的道理，喜怒哀乐都在自己的掌握中，要学会控制自己，平衡心理，及时调整心态，用积极的情绪巩固自我精神系统。而那些不好的情绪、想法才是阻碍人们获得进步和快乐的敌人。

"沼泽似乎一无是处，"一位天才作家说，"只要想办法把它的水抽干，再引流到修建好的渠道中，也可以变成良田。对于人来说，也是同样的道理，自我应当具备引导思想水流的能力，灵魂就可以被救赎，获得心灵的平静。"即使环境恶劣，生存条件艰难，都改变不了"人是自己主人"这一事实，每个人都具有无限的潜能，学会控制自我，不以物喜，不以己悲，面对压力也能泰然自若，不管发生什么，只要我们冷静地指导自己的思想，就能迸发出巨大的潜能。

第十章　勇气令生命充满活力

当你遇到困难时，是勇往直前，还是知难而退？当你遭受质疑时，会坚定不移，还是半途而废？当你孤立无援，甚至备受误解时，能否孤军奋战到最后？

当你投入工作时，是否对将要发生的一切感到恐惧？如果你从内心深处认为这是充满不确定的一天，那么，是否具备足够的勇气？

只要内心充满勇气，就会立于不败之地。正如弥尔顿所说——

就算没有了土地，也没有什么大不了。

就算是失去了一切，

我们仍拥有意志和勇气，

仍可以重新获得一切。

罗马著名的哲学家塔西陀，曾这样说："诸神会格外眷顾有勇气的人。"

如今，我们评价一个人，更注重的是他有没有内在精神，他是否具有坚定的信念和不屈不挠的勇气。当他拥有这些，迟早会成为一个有价值的人，对世界有所贡献。而那些已经取得成就的人，都拥有理想以及能够让理想成真的超凡勇气。

勇气是一种完美的精神药物，能够让人充满信心，斗志昂扬。有勇气的人更重视自己的工作，并把它当作真正的事业来做，就算遭受挫折，也不会气馁。

相反，缺乏勇气的人往往极度自卑，认为自己根本无法胜任眼前的工作，也不相信自己具有解决问题的能力，人为地限制了自我的发展——每天都生活在胆怯中，日复一日地自我贬低无法带来任何改变，回避工作无济于事，还会毁掉职业前景，经常深陷恐慌和焦虑则会对身体健康造成巨大威胁。

文学巨匠莎士比亚说过，"勇气是被激发出来的，它存在于偶然事件中。"并不是每个人时时刻刻都拥有巨大的勇气，我们能做的，就是在每个清醒的早晨和即将入睡的夜晚，不断进行自我鼓励和肯定。一个人拥有了接受勇气的心态，才能变得日益强大起来。

"我是最好的战斗者，也是最后的一个。我参加过很多战斗，每一次都是如此。"这是勃朗宁的话。即使面对死亡，他也会依然保持微笑。自从有人类开始，困难就已经存在了。并且其中大部分是很多人都认为没法克服的困难。然而这不过是假象。很多领导者过去做的，现在做的，正是征服那些看似不可能的困难。也正是因为他们这样的作为，人们才心甘情愿被他们领导。"即便是阿尔卑斯山，也无法挡住我们前进的脚步。"拿破仑如是说，也如是行动。他带领部下翻越阿尔卑斯山，进入意大利，最终赢得了战争。在近代战争中，无数将军和士兵也表现出了同样不屈不挠的精神。

一个人能用多大力量反抗不公，能有多少勇气坚持原则，也就值得得到多高的评价。

在巨大的困难面前，无数人前仆后继，体现出不可战胜的意志，最终得到了他们想得到的东西。不仅是文艺、科技方面也是如此。只有拥有巨大勇气的人，才足以青史留名，被人们永远铭记。《俄勒冈行记》的作者弗兰西斯·帕克曼的所作所为正体现了这一点。他不只是个作家，还是个历史学家。在他之前，很多人都觉得这片山地相当可怕，充满着危险和不确定性，但是，他在亲身实践的过程中，没有被困难吓倒，而是用决心和勇气，最终为人们找到了一种很好的穿越山地的方法。后来，他的身体变得很差，几乎完全丧失了视力和行动能力，只能靠坐轮椅才能四处活动。他也很容易紧张，经常连续几个月都无法彻底放松，工作压力很大，这导致他不能很好地查阅资料，因为他无法集中注意力超过半小时以上。所以，他最开始写作的时候，一天最多只能写不超过六行字。关于这些，一个传记作家作出如下描述——"他始终在战斗，他的四周满是狂风暴雨，但他依然不放弃自己的目标，始终精力满满，斗志昂扬，永不屈服。"

高贵的个性

当不得不面对困难和挫折的时候，你会怎么做呢？当遭受到排挤和反对的时候，你是会选择退缩还是勇往直前？你做出的选择，也正决定了你会成功还是失败。如果你能始终坚持自己的信念，并不遗余力地完成它，不管别人在旁边说什么，如何阻碍你，你只要拿出勇气来做自己，就没有任何人可以真的成为你的障碍。

如何变得有勇气呢？很简单，你应该有追求勇气的信念。如果你想做国王，就要像国王一样思考。如果你想表现得勇敢，就要先有勇气去思考。如果一个人总抱有类似的想法，自然而然就会那么做了。如果你想变得强大，那么首先就要在头脑中建立这个想法。

勇气是什么？是对自身能力的信任，是认为自己只要足够努力，就可以战胜一切的信念。它埋藏于意识深处，也许平时并不明显。但是，正是勇气，让我们可以游刃有余地处理一切突发状况，处理一切困难和挫折，成功地掌控局面，不显得被动。它的基础就是自信和自尊。如果我们能充分认识到自己的能力，并善加利用，也会增强我们的勇气。在组成勇气的诸多因素中，自信是最重要的。如果缺乏自信，勇气就无法建立。

想要拥有哪种能力，就要先拥有相关的精神。勇气不是单纯的精神，而是众多因素的集合体。它更像一种态度，而不是一种能力。也许态度看起来微不足道，但正是它决定了一件事是成功还是失败。

也正因此，在教育孩子的时候，让他们学会自信和勇敢，是很重要的一件事。虽然孩子太小也许还不懂，但是，当他们有自我意识之后，就应该开始这种训练。要让"我可以做到"这种想法在他们心里扎根，而不是处处怀疑自己，不知道应该怎么办才好。勇气是一种非常强大的力量。如果它发挥得得当，孩子将终身受益，如果它无法发挥，也许孩子的一生都会在怀疑中度过。他的生命力也不会有多旺盛，因为勇气是所有精神的基础，如果没有勇气，就算再有能力，也不过是摆设。

这样的故事经常被讲述：一个女人，很病弱，甚至连站都站不起来，可是如果家里突然着了火，或者遇到其他类似的紧急状况，她就会爆发出惊人的力量，不仅自己会成功逃脱，甚至还会把家里所有重要的东西都抢救出来。为什么会发生这种事情呢？因为突然发生的困难激发了深藏在她内心的勇气。如果每个人都具备这样的勇气，人类早已发展得不可估量了。每天下班之后，你可以回忆一下一天的经历。你这一天做了什么，你的精神状态怎么样？其实前者并不是最重要的，最重要的是你自身的体验。你是不是觉得心力交瘁，无精打采？其实，你完全不必这样，如果可以坦诚地面对自己的内心，发掘出其中潜藏的力量，你完全可以做得更好，甚至可以最终改变自己的命运。

生活不只是一个人的私事，你每天的行为都会产生一定的结果，也会影响其他人。你的想法、感情都会扩散到世界上，有时候造成的后果连你自己都难以想象。所以，在你做出某些行为的时候，不能只考虑到自己，也要考虑到别人，因为这种

影响是不可避免的。在上班途中,遇到朋友,真诚地问候他,或许就给了他无穷的动力。对自己的下属打招呼,也会让他们觉得很舒服,工作得更加卖力和开心。

如果你周围的很多人都认为你是可以被依赖的,值得信赖的,是强大健康的人,那么你会发现生活变得很不一样。你变得很重要,对于他们是不可或缺的。就算你犯了错误,只要勇于承认,不去推卸责任,你的话也依然具有影响力,值得信服。

如果你真的强大到不可战胜,从上帝那里获取了巨大的勇气,那么任何负面的东西都不能对你造成困扰,也不会真正影响到你。你的内心会保持平静和安宁,不会被任何乱七八糟的东西所打扰。

想要获得勇气,当然也要准备充分。对于一个外科医生来说,相信自己能够完成一个复杂精密的手术,很大程度上是因为他具备丰富的经验,已经准备得很充分了。如果我们比大多数人更专业,自然也就对自己的工作能力更自信。"做好准备"不仅是美国童子军经久不衰的秘密,也是他们的座右铭。如果没有充分地准备,自然就会胆怯,怀疑自己,也会在处理问题的过程中遇到各种不必要的麻烦。

"充分了解自己要做什么,然后立刻行动,像赫拉克勒斯那样。"卡莱尔说。当想对别人讲述一件事之前,事先准备好是很有必要的。否则无论是谁都有可能怯场。当然,知道自己说的东西对他人有帮助,对获得勇气也是十分有利。做好这两点以后,就算一开始还会有点不适应,讲得不流畅,但是很快就会找到正确的感觉。

很多人之所以表现得羞怯，完全是因为觉得自己低人一等，因此，想要获得勇气，也就要认识到自己身上具备的能力，哪怕是还没有被开发的能力。这没有什么，只要找对方法，然后去开发就好了，如果你真的这样做了，就会变得自信起来，充满勇气。

勇气的作用不仅体现在战场上，更体现在日常生活中。每天都会遇到各种各样的突发情况，但是我们不要慌乱，而要从容地面对和解决。不要人云亦云，怀疑自己。要知道，能真正被依靠的永远只有你自己。

做一个诚实的人需要勇气。做一个坦诚的人需要勇气。坚持自我需要勇气。坚持正义需要勇气。生活中的各方各面都需要勇气，而且，和大事相比，小事中的勇气往往更难获得。很多人在面对重要抉择的时候会展现出超凡的勇气，可是在小事上却很怯懦。如果想成为真正的领导者，就不能忽略这些小事。只有做好这些小事，才能最终做好大事。地位都是自己争取的。能获得多高的地位，就取决于在面对危险时，你展现出了多大的勇气。